话说石油
Petroleum Stories

编委会主任 焦方正

『石化』实说

你已经离不开石油

周德军 胡杰 崔玉波 编著

图书在版编目（CIP）数据

"石化"实说：你已经离不开石油 / 周德军，胡杰，崔玉波编著 . -- 北京：石油工业出版社，2024.10.
（话说石油）. -- ISBN 978-7-5183-7038-2

Ⅰ . TE65-49

中国国家版本馆 CIP 数据核字第 2024TG6490 号

出版发行：石油工业出版社
　　　　　（北京安定门外安华里 2 区 1 号　　100011）
　　　　　网　址：www.petropub.com
　　　　　编辑部：（010）64523687　　图书营销中心：（010）64523633
经　　销：全国新华书店
印　　刷：北京中石油彩色印刷有限责任公司

2024 年 10 月第 1 版　2024 年 12 月第 2 次印刷
710×1000 毫米　开本：1/16　印张：17.25
字数：230 千字

定价：70.00 元
（如出现印装质量问题，我社图书营销中心负责调换）

丛书编委会

主　　　任：焦方正

副　主　任：孙龙德　江同文　匡立春　雷　平　李俊军　李国欣
　　　　　　何　骁　张少华

专家组组长：胡文瑞　刘　合　徐春明

编　　　委：（按姓氏笔画排序）

马广蛇　马新华　王　龙　王　彪　王一端　王少华
王同良　王志明　王俊亮　王雪松　文　龙　庄　涛
刘人和　刘植昌　闫建文　汤天知　孙兆辉　苏春梅
李　中　吴因业　汪海阁　沙　秋　宋　永　宋强功
宋新辉　张卫国　张功成　张红超　陈　宝　陈　雷
陈建军　陈湘球　苗　勇　苟　量　罗　凯　周德军
庞奇伟　郑　冰　孟祥海　赵　喆　赵　霞　赵红超
胡　杰　胡国艺　贾进华　徐凤银　郭进举　陶士振
曹晓宇　崔玉波　崔完生　章卫兵　梁筱筱　葛稚新
窦红波　熊　珍

审稿专家：（按姓氏笔画排序）

王　海　王大鹏　王利明　王晓梅　尹　竞　艾慕阳
刘　丰　许立昕　苏　青　李新民　杨　威　吴　奇
吴　莉　吴冠京　张　伟　张玉峰　张闻天　郑家伟
孟纯绪　赵振宇　胡森林　段　伟　宫　柯　党录瑞
唐大麟　崔　丽　康　剑　梁光川　颜　实　熊　英

编 写 组

组　　长：周德军

副 组 长：胡　杰　崔玉波

审稿专家：（按姓氏笔画排序）

　　　　　冯　琪　张师军　孟领利　董　功

序

创新是引领发展的第一动力。2016 年，习近平总书记提出创新发展的"两翼理论"，把科学普及放在与科技创新同等重要的位置，希望广大科技工作者以提高全民科学素养为己任，"在全社会推动形成讲科学、爱科学、学科学、用科学的良好氛围，使蕴藏在亿万人民中间的创新智慧充分释放、创新力量充分涌流"。

新时代新场景，做好科学普及、讲好科技创新故事、提高公民科学素质、厚植科学文化，既是建设世界科技强国的迫切需要，也是科学家、企业、社会组织等各界力量义不容辞的社会责任和历史使命。

历史波澜壮阔，油气熠熠生辉！人类利用石油已有逾千年的历史。美国人哈维·奥康诺所著《世界石油危机》中写道："德雷克在宾夕法尼亚西部钻掘而开创近代石油工业，近 2000 年前，聪明的中国人就已经在四川和陕西开掘了深达 3500 英尺的深井。"班固（公元 32—92 年）在《汉书·地理志》中记载："高奴，有洧水，可㸁。"

千年卓筒井，钻井活化石！四川大英卓筒井，被称为"世界石油钻井之父"。中华第一矿，梦溪续华章！ 1905 年，延一井出油，中国现代陆上第一口油井诞生。大地沉睡亿万年，松基二井破云天！ 1959 年，大庆油田横空出世。"五朵金花"次第开，中国炼油奠强基！ 1965 年，中国石油产品实现了当时供给水平上的全部自给。春江潮水连海平，海上明月共潮生！ 2010 年，"海上大庆"建成，半世纪美梦成真。磨刀石上闹革命，低渗透中铸丰碑！ 2013 年，"西部大庆"建成，实现油气当量年产 5000 万吨。千万吨炼油百万吨乙烯，炼化一体化闪耀绽神州！ 2022 年，中国成为世界第一大炼油国、第一大乙烯生产国。2023 年，中国原油产量达 2.00 亿吨，世界排名第六；天然气产量达 2300 亿立方米，世界排名第四，全面跨入产油气大国。

讲好中国石油科技创新故事，是贯彻落实习近平总书记重要指示批示精神的具体举措。回望过往，我国石油工业发展史是一部艰苦奋斗史，也是一部石油精神、大庆精神铁人精神传承史，更是一部科技创新史。《话说石油》是一套大型石油科普史话丛书，通过讲好石油科技创新故事、弘扬石油精神和石油科学家精神，突出体现科技创新对石油工业发展的重大推进作用。丛书分为《"石化"实说——你已经离不开石油》《"油"来已久——漫话石油历史》《"油"然而生——脑海里的石油梦》《石破天惊——世界特大油气发现》《地宫掘金——唤醒地下沉睡的黑金》《利器在握——石油工程技术精粹》《人间奇迹——油气超级工程》《蓝海探宝——大闹龙宫夺油气》《点石成金——石油变身的魔法》《源源不断——能源秀场出新秀》十个分册，选取有代表性的人物和事件，用讲故事的方式，以图文＋音视频的形式展现石油科技历史，让社会公众在故事中了解石油、认知石油，从而热爱石油、传播石油知识、弘扬石油文化。

《话说石油》是一部壮丽的石油科技历史画卷。一部艰难创业史，几多科技新篇章。宁肯心血熬干，也要高产稳产，寄托科技梦想；无畏早生华发，引得油气欢唱，奏响盛世华章。《话说石油》也是一曲弘扬科学家精神的历史壮歌。以生动感人的石油科学家创新故事，诠释胸怀祖国、服务人民的爱国精神，勇攀高峰、敢为人先的创新精神，追求真理、严谨治学的求实精神，淡泊名利、潜心研究的奉献精神，集智攻关、团结协作的协同精神，甘为人梯、奖掖后学的育人精神。《话说石油》也是一部石油知识的百科全书。以故事为媒介，系统性地为社会大众提供全方位的石油知识，传承石油工业进步的智慧与力量，拓展知识视野和学习资源，促进石油工业多学科间的交叉与融合，为提高全民科学素养奠定坚实基础。《话说石油》更是一部多媒体全书。通过图书、动漫、视频、音频全媒体形式，以故事叙述为主线，围绕石油的某个主题领域讲科技、讲事件、讲热点，着重体现石油科技与人文的结合、与生产的结合、与社会生活的结合。其中，动漫、视频、音频既作为图书的富媒体，也独立成集，形式丰富，内容系统全面，形象、生动、直观、趣味横生、引人入胜。

掩卷沉思，精品难得！《话说石油》饱含石油院士和百余名专家学者的心血、智慧，凝结专业编辑团队的辛劳汗水。攀高山之巅，涉江河之源，方知高山之峻，江河之奇！希望广大读者，从中启迪心智、增加知识、开阔眼界、追溯历史、面向未来。我相信，本套丛书一定会为传播石油知识、弘扬石油精神贡献力量，发挥作用。

中国科学院院士（102岁）李德生

2024年10月17日

分册前言

为了贯彻落实习近平总书记关于科普工作的重要指示批示精神，2022 年，中共中央办公厅、国务院办公厅印发《关于新时代进一步加强科学技术普及工作的意见》，明确提出：企业要积极开展科普活动，加大科普投入，把科普作为履行社会责任的重要内容。中国石油党组明确要求，要打造"科普中国石油"品牌，把科研成果和科技知识转化为深入浅出、通俗易懂的科普作品，讲好石油故事，普及石油知识，不断扩大社会影响和传播范围。为此，中国石油牵头组织石油行业相关领域院士专家，编写出版一套集图书、动漫、视频、音频为一体的科普史话系列丛书《话说石油》。这是中央企业积极开展科普活动，履行社会责任的生动实践，也是普及科技知识、弘扬科学精神、传播科学思想、倡导科学方法的创新活动。

《话说石油》共十个分册，《"石化"实说——你已经离不开石油》是其中的第一个分册。本书围绕与人们生活息息相关的衣、食、住、行、医、美容和航空等领域，讲述了与石油化工产品相关的创新故事。故事中，有美国发明家爱迪生发明碳丝、卡罗瑟斯发明尼龙的老故事，也有中国的奥运会"水立方"膜结构创新、陈光威矢志碳纤维生产为民族争光的新故事；有靠撒谎编织的关于苯环研究的德国人凯库勒，也有数十年执着于硫化橡胶发明而欠债累累并在贫病交加中死去的固特异；有让三岁女儿参与百浪多息研究的德国科学家多马克，也有睡在碳 T700 生产线旁而忘记了照顾家庭的中国企业家张国良……世界材料科学之路上的丰碑也好，挺起民族石化工业的脊梁也罢，他们的故事不仅是科学创新的亮点，也是读者吸收人生经验的生动案例。

本书共有 12 个主题，每个主题有 4~6 个相对独立的小故事，以时间的流动为主线，编织成由小故事组成一个大故事的格局。每个故事的独立性都较强，读者可以按顺序阅读，也可以根据自己的兴趣选择性浏览。语言风格试图追求在仲夏之夜围坐在老阿婆身边听故事的效果，流畅、唯美的文字能够润物无声地进入读者的心田。而对于一些专业性较强的知识点，则采用可读可不读的小贴士的方式呈现。本书不是任何读者的人生导师，而是朋友般陪伴你的故事会。

本书由中国化工学会、中国石油学会、《石油知识》杂志社等单位的专家学者联合打造，张师军、董功、冯琪、孟领利等协助审核。

本书涉及专业众多，故事时间自古及今，线索纷繁复杂，创作时难免挂一漏万，敬请业内专家和读者指正。

目录

固氮为氨——化肥助力人们摆脱饥饿　·41

1864 年 4 月的一天，南太平洋平静的海面上，两艘西班牙护卫舰怒气冲冲地直奔钦查群岛而去。岛上的秘鲁军队在毫无准备的情况下，仓促应对来犯之敌，很快就被打得落花流水。两国军队争夺的不是黄金，而是含氮量极高的鸟粪。最终，氨是如何成为化肥不可分割的一部分，中国又是如何成为化肥大国的？

务农问药——给生病的农作物开药方　·61

你信吗？如果没有农药，今天地球上的人口将有一半被饿死。1944 年，盟军在驻意大利那不勒斯城遭遇伤寒，救命的是滴滴涕。"橙剂"变身为一种化学武器用于战争，也曾给人类带来深刻而惨痛的教训。你更不会想到，世人皆知的转基因食品，来源于植物与农药的相爱相杀……

软轮空胎——橡胶助演的速度与激情　·79

　　美国人查尔斯·固特异发明的橡胶硫化技术，为世界橡胶工业化应用推开了大门。此后，邓禄普为什么由"充气轮胎发明人"变为"充气轮胎的推广者"？米其林组织自行车比赛为什么要用钉子戳破骑手们的充气轮胎？大中华橡胶厂在中国兴起，挣不到钱的邓禄普公司为什么在中国当先撒泼十余年……

塑料成家——塑料让生活更加便捷和美好　·101

　　1863年，一位纽约台球供应商在报纸上刊登广告，宣称谁能够制作出象牙的替代材料就给予重奖。美国纽约州北部一家印刷厂的印刷工海亚特在重奖下研制出赛璐珞，但这并不是真正的塑料。19世纪初，美国发明家贝克兰发明出来的酚醛塑料才真正揭开了现代塑料工业的序幕。但为什么说他是在一只猫的帮助下才完成了这项发明呢？

膜法建筑——膜结构系列代表作和"水立方"　·117

　　1929年，富勒总结了自己多年对膜结构的思考，提出了以最少结构提供最大强度建房的方案，不久，美国人伯德将自家的游泳池罩在一个充气膜结构中……用塑料膜材作为建筑材料蓬勃兴起。在中国，"水立方"是中国膜结构代表作，组成"水立方"的每个"泡泡"，放上一辆汽车都不会压坏，这是真的假的？

物联质通——黏胶让世界抱成一团　·137

　　埃及法老图坦卡蒙金面具上的胡子被碰掉了，你想不到用黏胶粘上以后会惹出了不小的麻烦。不过，因为有了黏胶，金属和木材可以结为兄弟，石材和塑料可以互通有无，玻璃和橡胶可以轰轰烈烈地相濡以沫。每一个有黏胶有关的发明故事，都满满地写着真诚的爱、帮助和人类的科技进步。

美美与共——美女是这样炼成的　·155

　　20世纪40年代的美国纽约，一群穿着丝袜的年轻女子露出修长的美腿，排成一排，在等待裁判按照长腿的优美程度打分……这只是现代女性追求美的场景之一。进入现代，女性的美与性感，很多时候都与石油化工产品有关。从高跟鞋到丝袜，从文胸到丰胸术，无不是女人营造美丽与性感的法术。

涂鸦有料——缤纷多彩的有机涂料　·173

2002 年，位于杭州市萧山区的跨湖桥遗址出土的一柄漆弓，又将中国漆器的起源提前到距今约 8000 年，也证明中国是世界上最早使用天然成膜物质制作有机涂料的国家。不过，现代涂料工业的兴起，却依赖于石油化工业的不断进步，让居住的房子美观耐用，让汽车缤纷多彩，让战机飒爽英姿……

康乐有依——高分子材料续写健康档案　·197

在人类的医疗史上，塑料、橡胶和合成纤维等各种高分子材料，正在参与改善人类身体机能。但有趣的是，有些发明充满了温情和爱意，例如创可贴。还有些发明出乎意料，例如避孕套不仅可以避孕，还可以保护真正的枪支。口罩、注射器和人造血管的出现，都写满了对生命的敬爱，但是，德国科学家多马克因发明百浪多息却被投入了监狱……

碳路空天——加冕"材料之王"的男人　·227

碳纤维的始祖，是大发明家爱迪生发明白炽灯用的碳丝！不过，近乎万能的碳纤维，却是在"冷战"时期，因为美苏军事对峙而出现。而在中国，碳纤维一度成为中国军事工业、航空工业发展的瓶颈。在这种情况下，陈光威和钓鱼竿为什么会变身战斗机？张国良为什么会从一个生产纺织机的厂长到变身为航空航天器编织碳纤维的科学家？

参考文献　·255

化纤成衣

合成纤维使服装更加丰富多彩

　　说起服装面料，早在四千年前，中国人就发明了养蚕缫丝纺织之法，并通过丝绸之路传播到世界各地。到了宋代，棉花从印度传入中国，中国人在穿上棉质衣服的同时，汉字中也多了一个"棉"字。文化交流让人们所穿服装不断推陈出新，但总体上一直以棉花等天然纤维为主要制作原料。但是，棉花一年只能收获一次，一亩棉田最多不过收一二百斤。想要更多棉花就会形成棉粮争地的局面，影响百姓吃饱肚子。在这种情况下，世界上很多聪明的科学家开始探索人造纤维、合成纤维的生产途径，让人们的服装面料愈加丰富多彩。

Petroleum

烧死美女的"夏尔多内丝"

硝酸纤维素

硝酸纤维素是纤维素与硝酸进行酯化反应的产物。以棉纤维为原料的硝酸纤维素称为硝化棉,是一种白色纤维状聚合物,耐水、耐稀酸、耐弱碱和各种油类。聚合度不同,其强度也不同,但都是热塑性物质。在阳光下易变色,且极易燃烧。

>>> 夏尔多内

世界上人造纤维的研制是以生命为代价开始的。据日本山田真一编著的《世界发明史话》记载:在一次宴会上,有一位美女穿着一种人造纤维长裙来到现场。那身长裙让她的窈窕身姿十分惹人注目,男女嘉宾们禁不住啧啧称赞。正当这位美女得意扬扬的时候,一位吸烟的男士不小心将火星溅到了她的身上,华服瞬间燃烧起来。在一片呼救声中,赶来营救的人却束手无策,眼睁睁看着这位不幸的女子被活活烧死。这位美女穿的服装是用硝酸纤维素制成的,因其具有易燃性才导致了这次事故。这种人造纤维的发明人就是法国摄影家夏尔多内(Count Hilaire de Chardonnet)。

夏尔多内酷爱照相,那个时代的照相底片表面通常涂有一种将硝酸纤维素放在酒精和乙醚混合液里溶解制成的火棉胶。1884年的一天,他在处理照相底片时,不小心碰洒了一瓶火棉胶,当时没

有在意，在忙完手头工作开始清理这些胶体时，没想到往上一拉却形成了很长的细丝。苦追不如偶遇，受到上帝垂青的夏尔多内无意间发现了一种人造丝的制造方法，这种丝后来被称为"夏尔多内丝"。

精明的夏尔多内找到了发财之路，先是申请了专利，后又在法国贝桑松 (Besancon) 建立了一家人造纤维工厂，开始大规模生产备受女士青睐的"夏尔多内丝"。硝酸纤维素原本是制造火药的主要原料，具有易燃易爆的特性。令他想不到的是，用这种纤维素制成的衣服外表光鲜亮丽，但却潜伏着巨大的危险，最终导致了那位日本美女"引火烧身"的悲剧。此后，他的工厂因发生数次爆炸事故而被迫停工，加之这种丝的价格居高不下，迟迟打不开市场，"夏尔多内丝"的生产最终偃旗息鼓。更富戏剧性的是，随着第一次世界大战的爆发，夏尔多内的人造丝厂房被法国政府改造成了火药工厂。"夏尔多内丝"在发生多起事故后不久就"倒"下了，但是人造纤维的发展之路却被开辟出来了。

>>> 黏胶纤维

>>> 醋酸纤维面料

　　英国化学家克罗斯（Charles Frederick Cross）和比万（Edwand ohn Bevan）在1892年共同研制出了黏胶纤维，他们先用碱来增强纤维素的反应能力，然后与二硫化碳反应生成纤维素黄原酸钠溶液。这是一种金黄色黏稠溶液，黏度很大，因而长期被称为"黏胶"。将黏胶经喷丝头挤入含有硫酸锌的溶液中，就会析出一种纤维素，这就是黏胶纤维。黏胶纤维多用于绸服衬里、大衣和毛毯的纺制，时至今日仍然占有一定的市场。

醋酸纤维也曾经辉煌一时。19 世纪 60 年代，法国化学家舒岑贝格尔（Paul Schutzenberger）在密闭容器中，将纯净的纤维素和无水醋酸加热到 130～140℃，在 1～2 小时后得到了三醋酸纤维素。这种纤维素在 1905 年经过美国化学家米尔斯（G.W.Miles）的改良后，摇身一变，生产出了醋酸纤维。醋酸纤维类似真丝，手感柔软，在丝绸工业中很受欢迎。另外，它还有一种选择性过滤能力，能滤除烟气中的苯酚等有毒物质，高档香烟的过滤嘴就是这种材料制成的。

受天然资源有限的制约，黏胶纤维和醋酸纤维不仅产量无法满足人们的消费需求，而且产品也存在不同的缺点，让人们穿好穿暖的目标靠它们还无法实现。人造纤维虽然没有给人类的服装文化带来翻天覆地的巨变，但其在技术上的有益探索为合成纤维的出现创造了条件。从 20 世纪三四十年代开始，人造纤维的研制开始以煤焦油、石油等为原料向"合成"的方向发展，多种合成纤维摇曳生姿地登上历史舞台，与人类实现了美好的肌肤之亲。

>>> 欧洲的人造纤维宣传广告（人造丝制造的豪华服装，其极佳的光泽度和极致的柔软度，对女性有强烈的吸引力）

抑郁症患者开启合成纤维之路

1927 年秋天，杜邦公司化学部主任查尔斯·斯汀（Charles Stine）拜访了哈佛大学的化学专业教师华莱士·卡罗瑟斯（Wallace Carcthers）。他的目的是邀请卡罗瑟斯加入杜邦公司，帮助他们寻找一种可以替代丝绸的合成纤维。但卡罗瑟斯毫不犹豫地拒绝了，理由是自己多年患有心理疾病，只能从事简单的学术工作，不适合去搞复杂的科研项目。卡罗瑟斯并非托词，当时他已经确诊患有严重的抑郁症。

但杜邦公司却认为是自己开出的条件不够优厚，在半年后再次提出邀请，声称卡罗瑟斯只要愿意加盟，可以自由地从事他感兴趣的任何科研项目，公司不会出面干涉，最重要的是薪水比第一次招募增加了两倍。

最终，自由与高薪打动了抑郁症患者卡罗瑟斯，他答应了斯汀开出的条件，加盟杜邦公司高分子化学基础研究实验室，并成为负责人。

卡罗瑟斯来到杜邦不久，就确定了以煤和石油的副产品为原料，以聚合物为主的研究方向。这是一个伟大而智慧的决定，它让杜邦乃至世界合成纤维研究走上了正确的道路。1930 年 4 月 28 日，他和助手希尔在实验过程中，发现烧杯中生成一层厚厚的聚酯类黏性液体。他

>>> 尼龙发明人卡罗瑟斯

用玻璃棒蘸取了一部分，然后轻轻向上拉起，神奇的一幕出现了——玻璃棒拉出了一条富有弹性和光泽的糨糊状细丝。更令人惊奇的是，这条细丝越拉越长，整个早上团队成员轮换着拉着这条细丝在实验室的走廊中快乐奔跑……在那一瞬间，卡罗瑟斯似乎看到了这根细丝被纺织成面料，做成了长裙，并穿在了少女身上，美轮美奂。

卡罗瑟斯惊喜万分，他认为自己完成了一个伟大的发明。不久，他和希尔向美国化学学会提交了一篇论文，宣布一种性能优于丝绸的超级聚酯诞生。但是他没有想到这种聚酯不耐受高温，而且易溶于洗涤剂，一洗就碎，根本无法代替丝绸成为服装面料。卡罗瑟斯从兴奋的高点重重地跌入谷底，不得不继续进行研发工作。在此后的 4 年时间，卡罗瑟斯等人进行了数千次化学实验，发明了多种聚合物，但在纤维方面的研究毫无进展。后来的发明实践证明，卡罗瑟斯在聚酯方面的研究已经十分接近成功，但遗憾的是他选择了放弃。

命运给他关上一扇门之后，又打开了另外一扇门。1934 年初，卡罗瑟斯校正了研究方向，开始了后来称为尼龙的"聚酰胺"研究。但在取得阶段性进展之时，发生的一起意外事件打断了实验进程——卡罗瑟斯消失了。

人们四处寻找，最终在巴尔的摩一家精神病诊所找到了他。原来，卡罗瑟斯又出现了极度抑郁的症状，只好就近去这家诊所找医生进行咨询。一位精神科医生看到他状态很差，就将他留下来进行心理矫治。好在经过治疗，他很快康复出院并重新投入工作中。

1935 年 2 月，卡罗瑟斯等人用乙二酸和六亚甲基二胺作原料，通过缩聚反应合成了一种全新的物质，这种物质能在熔融状态下拉出强韧而富有弹性的细丝，更为重要的是，它不会在水中或洗涤剂中溶解，作为制造服装的面料不成问题。1938 年，杜邦公司建成第一座尼龙生产工厂，开始加工丝袜等用品。尼龙的种类很多，但是用工业化和商品化的标准来衡

量，卡罗瑟斯研制的尼龙是世界上第一种完全依靠化学方法生产的合成纤维。

"尼龙"一词音译自它的英文商品名称 nylon。在中国，由于锦州化纤厂是首家合成聚酰胺纤维的工厂，所以国内又称之为"锦纶"。与羊毛、棉花等天然纤维相比，尼龙耐磨性强、弹性大、强度高、手感好，其抗拉强度几乎可以和钢丝绳相媲美。因此，这种纤维面世不久就获得"像蛛丝一样细、像钢丝一样强、像绢丝一样美"的赞誉。

遗憾的是，合成纤维的探路者卡罗瑟斯没有看到大范围应用尼龙的美好时刻。1937 年 4 月 28 日晚上，在最疼爱的妹妹突然去世后，陷入无尽悲伤的卡罗瑟斯，在一家旅馆里饮用掺有氰化钾的柠檬汁自杀身亡，年仅 41 岁。卡罗瑟斯虽然去世了，但他开创的合成纤维研究方法没有被人们遗忘，逐渐被一些国家继承和发展。

在英国，科学家温费尔德（J.R Whinfield）和狄克逊（J.T.Dickson）于 1941 年用对苯二甲酸和乙二醇作原料进行缩聚反应，成功合成了一种高熔点的聚酯纤维——涤纶。这种合成纤维具有耐冲击、抗晒、耐磨、保型和抗皱等性能，可以做成挺括不皱、外形美观的衣物。目前，在服装面料中，涤纶所占比例高达 70%，曾被多家媒体列为 20 世纪影响人类生活的重大发明之一。

在德国，科学家莱茵（H.Rein）于 20 世纪 40 年代将聚丙烯腈浸入二甲基甲酰胺（DMF）溶剂中进行湿法纺丝试验，取得了初步成果。几乎同时，美国杜邦公司的霍乌兹（R.C.Houtz）使用相同的溶剂采用干法纺丝工艺，以聚丙烯腈为原料制得了聚丙烯腈长丝，也就是全新的纤维——腈纶。这种纤维比棉花更耐用，保暖程度也非常好，而且易于染色，不容易发霉，是制作毛衣、毛毯的极好原料，有"人造羊毛"之称。

>>> 尼龙面料

涤纶、腈纶和锦纶是世界三大合成纤维。此后，氯纶、丙纶、维纶和氨纶等几种纤维也陆续问世，加上人造皮革的出现，为人们穿衣提供了丰富的面料。合成纤维在服装领域迅速发展，呈现出了不可阻挡之势。1996年，全球合成纤维产量超过棉花，成为制作服装的第一大原料。

难以忘记"的确良"之殇

在服装领域，三大纤维中至关重要的是涤纶。涤纶又称特丽纶，美国人又称它为"达克纶"。当它在香港市场上出现时，人们根据广东话把它译为"的确凉"或"的确良"，大意为"确实凉快"。用这种单一的化纤面料制作的衣服挺括、耐磨、不起褶，而且耐热性好，这些优点在20世纪五六十年代的服装文化中，无疑是高贵、优雅和漂亮的象征。

>>> 20世纪70年代"的确良"女孩

中国是涤纶生产大国，2020 年，我国涤纶在全球涤纶产量中占比达到 86.21%。但是少有人知的是，"的确良"曾经是新中国成立后多年难以买到的奢侈之物。1950 年，中国人口在全球占比 22%；而此时中国纺织工业的棉纺锭（513 万锭）在全球占比仅为 5%，棉纱年产量（43.7 万吨）在全球占比仅为 7.8%。

>>>新中国成立之初的山东济南化纤生产线

由于耕地有限，棉花的种植不得不让位于粮食生产。在那个缺吃少穿的年代，吃饱肚子比穿漂亮衣裳更重要。为了控制面料消费，国家于 1954 年起开始发放布票，对布料、成衣等各类纺织品实行定量供应。全国经济最困难的 20 世纪 60 年代，在首都北京每人每年也只发 2.5 尺布票，三口之家的布票凑在一起才够裁一条裤子，可想而知，在找国其他地区穿衣服的难度有多大了。

在我国因为抢购"的确良"还发生过人员伤亡惨剧。1968 年 6 月 16 日，在上海石门二路的红缨服装店，因抢购"的确良"衣服发生了踩踏事件，造成 1 死 6 伤的惨剧。为一件美丽的衣裳，中国人付出了生命的代价。曾几何时，在许多中国人的心中，"的确良"是一件可望而不可即的华衣。而"的确良"之殇留下的阴影，一直让很多人五味杂陈。

>>> 中国各地流行一时的布票

在限购的形势下，外国进口的"的确良"更加紧俏，一直供不应求。"的确良"太少买不到，但又想穿得美美的，怎么办呢？在 20 世纪 70 年代，聪明而又节俭的中国男人们想出了一个极有创意的办法——穿戴没有衣片、袖子的"假领子"，然后在外面套上一件上衣，同样的美观大方。一件露在外面的"的确良"衣领子，曾经是那个年代"成功男人"的标配。

>>> 试穿假领子的男人

能穿假领子的人毕竟是幸运的，这说明他有衣裳可穿。在当时的中国，还有很多人过着"新三年旧三年，缝缝补补又三年"的日子，有些聪明的妈妈就把化肥袋子染上颜色，给孩子缝制衣服。这种衣服耐磨耐用，最主要的是废物利用——省钱，于是很快引起了大家的模仿，在一定时期内掀起了用化肥袋子做衣服的风潮。现在想来，那种袋子又糙又硬，穿在身上根本就没有舒适感可言。

国家领导人一直关心百姓的穿衣问题。1972年2月5日，中共中央批准了国家计划委员会《关于进口成套化纤、化肥技术设备的报告》。紧接着，我国开始实施"四三方案"，方案主要内容之一就是从发达工业国家引进多种化工装备，大力发展中国化纤工业，迅速解决百姓穿衣问题。这一年的6月，四大化纤基地建设计划出台，分别位于上海、天津、辽宁和四川，建成后总规模为每年可生产合成纤维24万吨，可织布40亿尺，其中"的确良"产量将达到每年19亿尺，占到近一半。

>>> 辽阳化纤生产车间

>>> 1979年，涤纶网络丝在上海石化试制成功

又过了将近7年，也就是在1979年，第一批国产"的确良"生产成功，投入市场，标志着中国拥有了自主生产"的确良"的能力。一个不了解中国化纤工业史的人也许觉得这没有什么，但是很多抢购过"的确良"上衣、戴过假领了或穿过化肥袋裤子的人听到这个消息后，都流下了眼泪。

为百姓再添一件新衣裳

随着中国化纤工业的发展，布票在 20 世纪 80 年代逐渐退出了历史舞台，中国人的穿衣问题得到了初步解决。20 世纪 90 年代初，我国已经拥有很多国家的进口设备。在世界化纤界，曾有人开玩笑说，中国成了"世界化纤装置博物馆"。

"博物馆"之称并非赞美之词，而是说我国化纤产量虽然明显提高，解决了穿衣问题，但装置繁杂且老旧，化纤技术都是舶来之物，时刻有被"卡脖子"的危险。业内的人都知道，和其他行业的重要装置一样，从国外供应商购买来的化纤装置都不是最好的，他们更不会将技术秘密毫无保留地转让给你。

另外，世界化纤生产加工技术更新换代迅速，一旦形成对外依赖，中国化纤工业必将陷入引进、落后，再引进、再落后的恶性循环。认识到这个问题后，中国化纤工业的一些有识之士开始意识到想要不受制于人，真正做到技术上的独立自主，装置国产化刻不容缓。

1992 年 8 月，江苏仪征市仪征化纤工业联合公司召开了一场专题研讨会，主题就是对公司所属的涤纶三厂聚酯八单元装置进行扩容改造，实现装置增容 30% 的目标。这种开膛破肚式的升级前所未有，一旦失败，价值六七亿元的引进装置极有可能全部报废。

提出改进计划的人叫蒋士成，江苏常州人，当时担任仪征化纤副总经理兼总工程师。早在 1976 年，中国纺织部就在全国选址，决定在江苏仪征建造世界最大的化纤基地，规划项目要达到每年 50 万吨的纤维产量，但当时美国最著名的一家工厂年产量也仅有 20 万吨。蒋士成被任命为仪征化纤项目设计总负责人，经过考察，项目组最后从德国购买了聚酯装置的技术和设备，从日本购买涤纶装置的技术和设备。经过二期工程十余年的建设，终于建成了中国最大的化纤生产基地。

蒋士成作为我国著名化纤工程设计与技术管理专家，中国聚酯工业的主要开拓者之一，1973 年曾经参与四大化纤基地的规划、引进技术的选择和谈判工作，以及对引进技术的消化吸收和国内配套工程设计。当时，中国大多数新建项目依靠引进技术进行消化吸收，蒋士成认为在短期内可行，但不是最终要走的路，必须要依靠创新。随后的一段岁月印证了他的想法，数年之后，欧美一些化纤大国并没有将技术继续转让给中国，受制于人的局面渐渐形成。

>>>仪征化纤建厂时的公司大门

但想实现技术独立自主，为百姓再添一件新衣裳，谈何容易。当时，仪征化纤有 8 条生产线，每条线的年产量为 6 万吨。蒋士成拿出一条生产线搞改革，进行聚酯增容。蒋士成提出扩建计划后，国内外很多专家都表示怀疑，认为中国没有能力建造如此规模的化纤工厂。但蒋士成偏偏担起这个重担，他要改一改外国装备动不得、改不了的臭毛病，要为全国人民每年再添一件新衣裳。

>>> 当年的江苏石油化纤总厂筹建指挥部

1992 年，胸怀振兴民族化纤工业梦想的蒋士成，承担了聚酯装置成套技术国产化攻关的重任。他举家从北京迁至仪征，组织和带领仪征化纤、中国纺织工业设计院、华东理工大学和南化公司产学研结合的技术团队，开展跨体制、跨部门的联合攻关。

扩容项目被列为纺织部重点科技攻关项目。蒋士成作为第一研制人，经过艰苦努力，成功打破了国外对中国聚酯技术和装备的垄断，形成了中国的专有技术和工艺。扩容后的装置产能每天达到 330 吨，增容 65%。该项目获得了 1997 年度中国纺织总会科技进步奖一等奖，扩容技术和方法在全国化纤厂迅速得到了推广，创造了巨大的经济效益。

1997 年，蒋士成又组织了我国第一套 10 万吨／年的国产化聚酯项目攻关。蒋士成以第一研制人身份，组织仪化公司、华东理工大学、中国纺织工业设计院等单位的专家共同奋战，成功突破了技术难点和技术关键。

2000 年 12 月 8 日，仪征化纤首条国产化 10 万吨／年聚酯装置一次投料开车成功，项目荣获 2002 年度国家科技进步奖二等奖。

后来居上的中国聚酯工业，不仅提供了"的确良"衣料的原料，解决了中国人民的穿衣问题，而且在此后的发展中，提供了品种多样的纤维新材料，应用在生命健康、能量转换、航空航天、智能感应等领域。

助力守护 18 亿亩耕地红线

21 世纪初，中国很多化纤设备实现了国产化，中国也成为世界第一化纤生产大国和消费大国，但还不是强国。随着合成纤维生产技术的进步，10 万吨／年聚酯装置的国产化也逐渐成为历史。进入 21 世纪，作为化纤原料的芳烃成套生产技术，成为化纤生产的核心技术。

石油经过炼制不仅生产出汽油、柴油等成品油，同时也生产出烯烃和芳烃两大石化原料。芳烃是指分子中含有苯环结构的碳氢化合物，主要包括苯、甲苯和对二甲苯。其中，对二甲苯（PX）是合成应用最为广泛的聚酯纤维的初始原料。在 21 世纪，芳烃成套生产技术的规模与先进性，直接决定着一个国家化纤工业的生产能力。

进入 21 世纪，约 65% 的纺织原料、80% 的饮料包装瓶来源于对二甲苯，因此发展芳烃项目是经济发展和人们生活的需要，事关国计民生。我国对二甲苯消费量年均增长率也高达 20%，仅 2014 年我国对二甲苯的消费量就达 2000 万吨。

但是，与民生息息相关的芳烃生产技术长期被国外公司垄断，技术许可和专用吸附剂、催化剂等都需要支付极其昂贵的费用。1975 年，引进年产仅 2.7 万吨的对二甲苯装置，费用就高达 400 多万美元；而到 2015 年前后，一套年产 60 万吨的对二甲苯装置，技术转让、催化剂及专利设备费用蹿升至数亿美元。在这样的大背景下，开展芳烃成套生产技术攻关，成为中国几代石化人的梦想。在这些雄姿英发的石化人之中，有一个人的名字叫戴厚良。

1972—2008年，中国石化与中国科学院及有关高校开展合作研究，已经为芳烃技术发展奠定了基础，而戴厚良牵头了其中大部分项目的研发。自2003年以来，为实现"重点跨越、创新引领"的目标，科学技术部、中国石化通过"973计划"项目、"十条龙"重大科技攻关等形式持续支持芳烃成套生产技术攻关。

2009年，中国石化成立了芳烃成套生产技术攻关领导小组，中国石油化工集团公司党组成员戴厚良为组长，集结科研、设计、建设、生产等单位2000余名技术人员，发起了芳烃成套生产技术联合攻关。

当时，全球只有美国和法国拥有芳烃生产成套技术，技术壁垒非常高。尽快研发出自己的芳烃成套生产技术，成为中国石化的一个重要目标。这是一次在多年技术积累之后的集中攻关。历经多次挫折失败之后，最终攻克了PX吸附分离工艺等最后几项关键技术，形成了自有芳烃成套生产技术，使中国成为全球第三个拥有该套技术的国家。

芳烃技术

戴厚良 主编

中国石化出版社

>>> 戴厚良主编的《芳烃技术》一书介绍了该项技术

■■■ 知识链接

对二甲苯吸附分离工艺

对二甲苯常称PX，是生产涤纶纤维、涂料、染料和农药的主要原料。吸附分离工艺就是利用特种吸附剂，优先吸附混合二甲苯中的PX组分，从而把PX从混合二甲苯中分离出来，得到高纯度的PX产品。

>>> 海南炼化60万吨/年芳烃装置

芳烃成套生产技术创造了巨大的经济效益。以海南炼化 PX 装置为例，由于具有自主知识产权，投资费用比进口技术节省了 1.5 亿元，每年在降低能耗这一方面还可以节省 3 亿元以上。这一项目被媒体评价"为守住我国 18 亿亩耕地红线做出了重要贡献"。在 2015 年国家科学技术奖励大会上，"高效环保芳烃成套技术开发及应用"项目荣获了 2015 年度国家科学技术进步奖特等奖。戴厚良自豪地对《光明日报》记者说："该技术达到了国际领先水平，使中国成为第三个掌握该技术的国家，具有里程碑意义。"

目前，中国一直稳居全球最大的化纤和涤纶生产国，占全球化纤产量的 70% 以上，其中涤纶占比超过 80%，高效环保芳烃成套技术居功至伟。

合成纤维主要以石油、天然气为原料，与棉花种植相比占用土地资源极少。据估算，一个年产 10 万吨合成纤维的工厂占地不到 300 亩，但其年产量却相当于 500 万亩棉田。新中国成立以来，中国用不到世界 1/10 的耕地和约占世界 1/4 的粮食产量养育了世界近 1/5 的人口，其中主要原因就是把石油变成了彩衣，解决了"粮棉争地"的难题。

未来合成纤维依然是服装领域中必不可少的原料。随着纺织技术的进步，合成纤维已经能够完美模拟棉、麻、丝、毛的手感，且更容易上色，效果更加鲜艳、柔软、顺滑、凉爽，而且隔热、隔潮。而新兴的纳米技术、信息技术，也将助力合成纤维材料为人类奉献出更多性能和颜值兼具的服装面料。

染色印花

云衣翻卷出的七彩风情

　　不管是天然棉麻，还是合成纤维，制成的面料原始色非白即灰。要想穿出赤橙黄绿青蓝紫各种颜色来，从古至今只有一个办法，那就是染色。如果女孩子还想穿得风情万种、四季随心，还需要印花。染色印花，是让服装变得姹紫嫣红的基本工艺。目前，全世界服装的染色印花工艺使用的都是从石油、煤焦油中经过无数道工序炼制、配比形成的合成染料。但是，合成染料替代天然染料飞入寻常百姓家，却是很多科学家经过上百年研究和实验才实现的。

Petroleum

马王堆汉墓中的天然染料

染色

把服装或纤维浸入一定温度下的染料和水混合的液体中，染料就会从水向纤维中移动，这种染料浸入纤维中的现象称为染色。在合成染料诞生之前，人们使用的是天然染料。

>>> 黄色绮地乘云绣局部
（马王堆汉墓一号墓出土）

>>> 长寿绣局部（马王堆汉墓一号墓出土）

提起马王堆汉墓出土的丝绸，丰富多样的色彩让人叹为观止。据余斌霞所著的《华纹锦织 巧夺天工——马王堆汉墓出土丝织品的织纹、染绣与印画》记载，马王堆汉墓出土的丝织品中，绢的色泽就有烟色、香色、绛紫、金黄、酱色、红青、驼色、棕色、深棕色等多种，菱纹罗及刺绣用的绣线等也同样色彩丰富。粗略统计，马王堆汉墓出土的织物，包括刺绣所用的丝线，其色泽共达 36 种之多，这些都是经染色而成，其染料主要包括植物染料和矿物染料两种。

说马王堆汉墓出土的丝织品是中国天然染料的集大成之作并不为过。不过，中国的印染史比这还要早得多。人类在发明纺织品以后，就开始使用染色技术。中国是最早有纺织品、使用天然染料染色，同时还发展了染色工艺的国家。根据吴淑生、田秉毅著的《中国染织史》的记载，北京周口店的山顶洞人早在 1.5 万年以前就开始应用红色氧化铁矿物颜料。到了新石器时代，人们已经懂得用赭黄、雄黄、朱砂等矿物颜料在织物上着色。这种技术经过长期应用、改良，古人逐步掌握了各类植物染料的提取、染色等工艺，使服装、饰物等原始纺织品的色彩丰富起来。

>>> 绢地茱萸纹绣局部
（马王堆汉墓一号墓出土）

商代至战国期间，矿物颜料品种日渐增多，植物染料也相继出现。古代先民开始从植物的根、叶、花、皮及种子等汁液中提取色素进行染色。用矿物颜料染色称为石染，用植物染料染色称为草染。《周礼·天官·染人》有"染人，掌染丝帛"的记载，就是说商周时期，宫廷手工作坊中设有"染人"一职，专门管理染色生产。在长期的实践过程中，分别建立了媒染、缬染、套染及草石并用等染色技术。

利用现代技术分析长沙马王堆西汉古墓出土的印花丝织品，得出朱红色为硫化汞、银灰色为硫化铅、粉白色为绢云母、蓝色为靛蓝，由此可见当时的染料应用技术水平之高。贾思勰所著《齐民要术》中详细记载了"杀红花法""造靛法"等多种植物染料的提炼方法。到了隋、唐、宋、元、明、清诸朝，染色技术不断进步，工艺流程更加层次分明。

而在国外，公元前 3000 年古埃及和美索不达米亚人，已经掌握了织物染色技术，植物染料主要有黄色、红色、绿色等。约在 2500 年前，印度人已经开始从茜草提取茜红和从蓝草提取靛蓝来给棉织品上色。1371 年，欧洲已有关于染色、印花的资料记载。到了 1884 年，英国还成立了染色工作者协会（SDC）。该协会编纂了《染料索引（C.I.）》，按照染料的应用性质和化学结构加以归纳、分类、编号，逐一说明应用特性、色牢度等级，并列出分子结构式和简略的合成方法。1921年，美国成立了纺织化学家与染色家协会（AATCC)，与英国染色工作者协会共同发展染色工艺、染料注册分类及制定各种测试标准，至今仍在全球印染界起着重要作用。

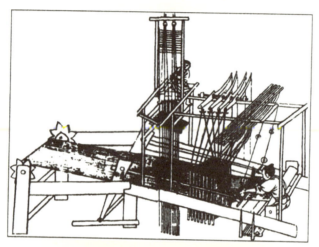

>>> 中国人发明的花楼提花织机可织出各种图案
（引自《纺织科技史导论》）

从古说到今，从国内说到国外，服装染料色彩缤纷，但有一个不容忽略的事实是，古代人想穿得"美美的"并不容易，因为天然染料十分昂贵，贵到让普通人享用不起。大家在现代的电视剧中看到古人穿得五颜六色、多姿多彩，大多是达官显贵或富商乡绅之家才有的景象。天然染料的时代，对于大多数的底层老百姓而言，穿件新衣服尚且不易，想穿上漂亮的衣服就更是难上加难。

到了19世纪中叶，随着英国等欧洲国家纺织工业的飞速发展，织品所需染料的数量迅速上升，而天然染料在数量和质量上远不能满足需要，因此，在诸多条件的推动下，合成染料登上了历史舞台。

撒谎的凯库勒与苯环大梦

在 18 世纪初期的欧洲，随着炼铁业的发展，在煤焦化过程中出现大量又黑又臭的煤焦油无法利用，而被排放到环境中，促使化学家们开始分析研究煤焦油有没有其他用途。

19 世纪初，英国皇家研究院化学教授布兰德（William Thomas Brande）等人先后从蒸馏煤焦油中发现萘、蒽和芘等可以作为染料的物质。但真正对染料工业，甚至世界化学工业起到巨大推动作用的是苯的发现。

《中国近代合成染料染色史》一书记载，英国物理学家迈克尔·法拉第（Michael Faraday）于 1825 年"在一个装着压缩照明石油气的圆筒内"发现了苯。此后，英国人米希尔里（Milscherlich）通过蒸馏苯甲酸和碱石灰的混合物也得到了这种液体，并正式将它命名为"苯"；不久后的 1842 年，有一个叫利（Leigh）的人又发现苯在煤焦油中大量存在。

在 19 世纪，有机化学的研究体系还十分简单，没有办法确定苯的分子式。后来体系完善后，才发现苯的分子式为 C_6H_6。但分子结构如何排列仍然是一个谜。揭开这个谜的凯库勒还流传着一个奇特的故事，可以称之为"弥天之大梦"，也可以赞之为"上帝的礼物"。

1829 年出生在德国达姆斯塔特的凯库勒从小就文才出众，但他没有选择当作家，而是听从父亲的劝导，到德国西部的吉森大学专攻建筑。在这里，他因为听了大化学家李比希的课程后迷恋上了化学，并于 1850 年开始在李比希主持的实验室中工作。在名师悉心指点下，凯库勒不仅学到了这位化学大师多样而扎实的研究方法，也学到了认真细致、一丝不苟的科学态度。

19世纪中叶，随着石油、炼焦业的迅速崛起，有机化学的研究也随之蓬勃发展，苯作为一种重要的有机化学原料，成了很多化学家热心研究的对象。当时，化学家们面临着一个难题——如何理解苯的结构。苯的分子中含有6个碳原子和6个氢原子，碳的化合价是4价，氢的化合价是1价，那么1个碳原子要和4个氢原子化合。如果6个碳原子之间是单键相连，那么6个碳原子应该和14个氢原子化合，而苯怎么会是6个碳原子和6个氢原子化合呢？化学家们百思不得其解。

头脑灵活的凯库勒也在探索这一难题。据说他的脑子里充满着苯的6个碳原子和6个氢原子，经常不睡觉，在黑板上、地板上、笔记本上画着各种各样的化学结构式，但是都经不起推敲，被自己否定了。一天晚上，凯库勒坐着马车回家，他在摇摇晃晃的马车上睡着了。在半梦半醒之间，凯库勒发现碳原子和氢原子在眼前变着花样地舞动，最终变成一条白蛇。这条蛇扭动着咬住了自己的尾巴，变成了一个环……梦醒过来的凯库勒马上想起苯的结构一定像白蛇那样头尾相接，构成环状结构！回到家后，他立即奔向书房，在纸上

>>>凯库勒

画了一个首尾相接的环状分子结构。故事的结局是凯库勒在世界上第一个提出了苯的环状结构式。苯环中的碳原子之间以介于单键和双键之间的独特的键连接，可以简化为单键和双键交替连接，这样1个碳原子就只能与1个氢原子化合。

这个故事在各类科学发明发现的书籍上比比皆是。但第一个讲述这个梦的人是爱好文学的凯库勒自己。1890年，他在柏林市政大厅举行的庆祝凯库勒发现苯环结构25周年的大会上，首次提到了这个梦。不过他讲的和后来流行的版本略有区别，他说自己是在火炉前撰写教科书时做的梦。至于后来流行的版本，到底是凯库勒本人对媒体说的还是后人杜撰的已经无从考证。

一个人是否做过某个梦只有他自己说了算，别人也不好判断真假，但这个梦成了一个国内外科学家勤奋钻研、终有所梦的励志故事。但在广西科学技术出版社2009年8月出版的《爱因斯坦信上帝吗？》一书中，一篇名为《苯分子结构是被"梦到"的吗》文章称，美国南伊利诺伊大学化学教授约翰·沃提兹在20世纪80年代对凯库勒留下的资料做了透彻的研究，他认为，如果能够证明在凯库勒之前已经有人提出了苯环结构，而且凯库勒还知情，那就可以认为他在撒谎。

沃提兹最终提出的关键证据是：早在1854年，法国化学家奥古斯特·劳伦在《化学方法》一书中，已经把苯的分子结构画成六边形环状结构。沃提兹还在凯库勒的档案中找到了他在1854年7月4日写给德国出版商的一封信，在信中他提出由他把劳伦的这本书从法文翻译成德文，这表明他读过而且很熟悉劳伦的这本书。因此，他有这本书已经足够用了，根本没有必要从梦中得到启发。

一个科学家站在别人肩膀上看到日出时，都应当与脚下的人一起分享阳光才对。但遗憾的是，凯库勒在论文中没有提及劳伦对苯环结构的研究，而是借此迈上了荣誉的阶梯，将脚下的肩膀踢开了。

珀金与"贵族紫"的发明

苯胺

苯胺（C₆H₇N）又称阿尼林、氨基苯。无色油状液体。稍溶于水，易溶于乙醇、乙醚等有机溶剂。苯胺作为重要的胺类物质，主要用于制造染料、药物、树脂，还可以用作橡胶硫化促进剂等。它本身也可作为黑色染料使用。

苯环结构的发现是与染料有关的理论研究的较大成就之一，但在推动苯染料实验方面影响似乎并不大。这是因为在凯库勒提出苯环结构之前的1856年，英国18岁的研究生W.H.珀金（William Henry Perkin）在合成抗疟疾药物奎宁的实验中，意外得到了能将丝织品染成紫红色的苯胺紫（mauveine），使染料界耀眼的"贵族紫"得以重现，由此开创了合成染料的新纪元。

珀金生于建筑师之家，自幼喜爱化学实验。1855年进入英国皇家化学学院，成为院长霍夫曼（August Wilhelm von Hofmann）的助手，进行煤焦油利用研究。在合成物神奇的发明史上，有一个有趣的现象：合成纤维等很多发明，都是始于煤焦油，然后经过一段时间再移植到了石油上，并得到迅速发展。合成染料的发明也是如此。

而在珀金之前，霍夫曼的另外一位助手叫曼斯费尔德（Mansfield），已经成功地实现了从轻油中通过蒸馏提取苯的工作。但可惜的是，非常热衷于这项研究的曼斯费尔德于1855年在寓所内的私人实验室进行分馏煤焦油时发生火灾，最终为科学奉献了自己的生命。

霍夫曼从事煤焦油研究，主要目标并不是想合成染料，而是研制治病救人的奎宁。当时，欧洲疟疾流行，而治疗疟疾的特效药奎宁是从金鸡纳树中提取出来的，俗称奎宁，相当珍贵，因此，霍夫曼想从废弃的煤焦油中找到新的方法。奎宁的结构式是在1908年才确定的，因此，当时的霍夫曼和珀金二人对奎宁的化学结构式一无所知。也正是这份无知，才让年轻的珀金卸下了所有精神负担，勇往直前。

最初，珀金只知道奎宁的化学分子式是 $C_{20}H_{24}N_2O_2$，他从煤焦油中提取出来一种化合物叫作 2- 烯丙基 -N- 甲基苯胺（$C_{10}H_{13}N$）。奎宁分子中所含的 C、H、N 的原子数，似乎是 2- 烯丙基 -N- 甲基苯胺所含同种原子的一倍。据此他做出猜测：如能使两个 2- 烯丙基 -N- 甲基苯胺分子合并，再通过加入氧化剂等方法补上所缺的氧原子，就可以合成奎宁。但是，实验并没有使珀金如愿以偿，他得到的只是一种棕红色的沉淀物。

珀金没有因此气馁，他决定改用一种盐基性物质——苯胺硫酸盐 $[(C_6H_5NH_2)_2 \cdot H_2SO_4]$ 去和氧化剂进行反应，结果得到了一种更为意外的黑色沉淀物。这位不靠做梦只靠精细实验的科学家，注意到在这种黑色沉淀中可隐约看到一种紫色的闪光。聪慧的珀金立即抓住了这缕细弱的命运之光，在其中加入一些酒精，想看看那缕微光会发生什么变化，最终，他看到了无色的酒精中呈现出了美丽而炫目的紫色。

在欧洲，紫色长期象征着富贵。珀金十分惊喜，他意识到自己或许发现了一种可用作染料的物质。于是，他用这种溶液将一条素白色的丝制围巾染成了紫色，这让他无意间撞开了染料行业的神秘之门。他立即着办

>>>珀金（引自《中国染料工业史》）

格兰帕尔斯城达勒公司寄去了一些样品。1856 年 8 月，他很快得到了回音：紫色化合物性能良好。珀金欣喜若狂，因为他已经知道自己成了世界上第一个人工合成染料"苯胺紫（Aniline Purple)"的发明人。

珀金有着很多科学家并不具备的素质，那就是一旦取得成果，他便想尽快将其应用于生产实践，在创造财富的同时造福社会。当时，年仅 18 岁的珀金把自己的发明报告霍夫曼之后，便离开了皇家化学学院，开始申请专利、找投资、兴办工厂。最终，他在父亲和哥哥的资助下，在伦敦郊外格林弗德建起了一座化工厂，仅在六个月之内便投入生产，于 1857 年底生产出了一种色彩与锦葵花色相似的染料，它被珀金命名为"锦葵紫"。

这种染料很快就风行于世，据说至高无上的英国维多利亚女王也很喜欢染色的布料。有一次她穿着淡紫色的衣服出席了一个盛大的宴会，大受世人瞩目，这无意中给珀金做了一次成功的免费广告。英国贵族纷纷效仿，争相购买，紫色面料风靡一时，珀金也因此致富，年仅 23 岁便成了世界染料科学和染料工业的权威。在珀金这一惊人成就的鼓舞下，包括他的导师霍夫曼等化学家在内，都纷纷转移到合成染料的开发上来，先后发明了"苯胺蓝""苯胺黑"等多种多样的苯胺染料，创造了一个色彩丰富的染料家族。

1873 年，珀金的合成染料生产已发展到相当规模，也为他创造了巨额的财富。但就像当年珀金转行做实业一样，1874 年，珀金再次做出惊人之举，他毅然退出实业界，重回实验室搞起了科研。当一些化学家相继投入化工产业之后，珀金转身又离开这里，重新致力于化学研究，确实有些让人不可思议。

打遍天下无敌手的偶氮染料

说起衣服的颜色，很多在20世纪七八十年代生活过的人都有这样的记忆：一件样式不错的裙子穿旧了或是掉色了，就会和家长哭闹着想再买一件新的。但是家庭条件有限，舍不得买。母亲就会说，明天我给你变个戏法，给你换个颜色。果不其然，第二天，母亲买回来一小袋红颜色的东西来，往煮沸的锅里一倒，然后将衣服往里一放，煮几分钟拿出来晾干以后，一件颜色艳丽的红裙子就变了出来。这种神奇的东西就是合成染料。

在珀金之后，多种多样的合成染料被发明出来，组成了庞大的合成染料家族。在这些合成染料中，偶氮染料成员众多，对服装印染业起到巨大作用。偶氮染料这个词儿可能听说过的人并不多，但提起"苏丹红"来，那可是家喻户晓。苏丹红这种国家明令禁止在食品当中使用的化学染色剂，就是一种偶

知识链接

合成染料

合成染料主要是以煤焦油、石油为原料经加工而成，与天然染料相比具有色泽鲜艳、耐洗、耐晒、能大量生产的优点。合成染料按化学结构分为硝基、偶氮、蒽醌、靛族、芳甲烷等类；按应用方法分为酸性、碱性、媒染、硫化、冰染、还原等类。

>>> 格里斯（引自《中国近代合成染料染色史》）

氮染料。那么偶氮染料是怎么来的呢？这得从发明人彼得·格里斯开始说起。

1858年，也就是珀金发现了苯胺两年之后，已经加入染料化学研究行列的霍夫曼教授，在《化学与药物年鉴》杂志上偶然读到了一篇署名为格里斯的关于偶氮化合物的论文。他敏感地预判到了偶氮化合物研究有着光明的前景，就邀请作者来当自己的助教。格里斯当时是马尔堡大学的一名研究生，对有机化学有着非常浓厚的兴趣。格里斯在论文中究竟写了什么，让大名鼎鼎的霍夫曼教授主动伸出橄榄枝呢？

原来，格里斯在文章中说，他可以在特定的条件下让亚硝酸和芳香族胺类发生反应，形成偶氮化合物。偶氮化合物就是含有两个氮原子的化合物。后来，格里斯虽然来到了霍夫曼的实验室工作，但他在这里过得并不顺心，于1862年选择离开，到一家酿酒厂担任工程师，一边谋生一边用业余时间在自己的私人实验室里继续进行化学研究。

>>>卡洛（引自《中国近代合成染料染色史》）

在以后的科学研究中，他合成出了很多偶氮化合物，颜色多种多样，十分好看。在研究过程中，他的老朋友、德国巴斯夫公司的研究部主任卡洛有一天来拜访他，格里斯就把自己多年来合成的一些偶氮化合物给他看。卡洛马上意识到用这些化合物可以生产染料，因此在临走时就带走了一些偶氮化合物的样品，回去进行研究。

听到偶氮化合物可以生产染料后，格里斯就将合成方法悉数告知卡洛，卡洛则火速组织人手进行相关产品开发，推向市场后大获成功。格里斯也将偶氮染料的相关合成方法写成论文发表出来，自此，合成染料掀起了一股偶氮染料的冲击波，越来越多的偶氮染料被开发出来，广泛应用于服装印染等行业。

偶氮染料呈现出各种各样的颜色，基本可覆盖整个可见光谱，并具有工艺简单、生产成本低、染色能力强的特点，因此被广泛应用于纺织品的染色，也用于纸张、皮革、油漆、油墨、塑料、橡胶等产品的着色。近年来全球年均生产100多万吨染料，其中偶氮染料占比达2/3以上，是染料业中的最大一族。

自古以来，不同颜色的染料承载着人类不同的思想变迁和对美好生活的追求。偶氮染料将人们打扮得赏心悦目、风情万种，但绚丽背后隐藏着的毒副作用也应科学对待。商品化的偶氮染料有数千种，禁用的有200余种。世界各国针对纺织品等产品中偶氮染料的使用制定了严格的标准，生产商只要按要求生产，消费者在穿衣问题上是十分安全的，不必过于担心。

>>> 酒石黄是一种合成柠檬黄偶氮染料

染料里飘出了国旗红

自 20 世纪初欧洲合成染料产品进入中国市场以来，德国、美国和日本产品你方唱罢我登场，使中国天然染料业受到了毁灭性的打击，很快将我国从天然染料出口国迅速变成了合成染料进口国。很多有识之士认识到，想要重新振兴中国的染料工业，必须放弃天然染料去走合成染料的新路。

1919 年，青岛民族资本"福顺泰"杂货店经理杨子生创办了青岛维新化学工艺社，标志着中国民族化学合成染料工业的开始。此后，上海、天津等地的染料工业也开始缓慢地发展起来，但总体上规模较小，品种也不多。1949 年中华人民共和国成立时，全国染料总产量 5000 余吨，品种 18 个，纺织印染所需染料仍然要依靠进口，其中就包括鲜艳的红色。

>>> 研究室外景

1949 年 10 月 1 日，新中国诞生，五星红旗在天安门广场升起，举国上下一片欢腾。但鲜有人知的是，当时国旗的红色染料需要从国外进口。庆典结束后，沈阳化工研究院就接到了研发中国自己的"国旗红"合成染料的任务。在《"国旗红"染料研究与生产相关文献》

公开的档案中，记录了"国旗红"研制的启动时间为 1950 年 1 月 16 日，参加研究的科研人员共有 25 人。项目的指导人是北京大学的凌大琦，另外还有刚刚毕业的沈佩璋、王书金、徐立方和陶铿等人。

研究员们在这份光荣的任务面前却陷入了长久的沉默。国内红色染料的空白急需填补，但必须面对的现状是他们手中没资料、没图纸、没经验，让大家一时无从下手。中国科学家最不缺乏的就是耐心和毅力。他们通过国内外各种渠道收集基本的化工染料的资料，一点一点地积累。没有自来水，他们就将水桶架高，往里注水来解决冷凝器用的循环水；没有搅拌器，他们就找来自行车用于传动搅拌；没有化学药品，技术人员就分头到旧货商品里去寻找……科研人员就是用这种最原始的方法，一点一点地推进红色染料的研究工作。

经过一年多的努力，红色染料研发出来了。但喜悦只在脸上挂了几天，就得到了一个让人失望的消息：刚刚染好的实验布料褪色了，研究失败了，他们不得不重新开始。

在查阅了所有资料后，终于找到了染料褪色的原因——没有经过高压

>>> "国旗红"染料与进口"南星"染料染色对比效果（引自《"国旗红"染料研究与生产相关文献》）

>>>做实验时留下的照片（沈阳化工研究院供图）

釜加压处理这一关，染料缺少足够的稳定性。当时的中国工业没有高压釜，怎么办？专家们别出心裁地设计制造了一个类似于高压釜的小铁罐儿，很好地完成了染料的高压处理过程，让染料稳定下来。1952年7月，他们又研制出了一种红色染料。同年9月下旬，他们在实验室门前升起了这面用自己研发的"国旗红"染料印染的五星红旗。

在此基础上，他们又研发出两种不同的红色，经过层层上报，最终，第一份红色染料被正式认定为"国旗红"。从此，五星红旗有了完全国产的专用染料，彻底打破了我国红色染料依靠进口的局面。"国旗红"染料的研发为化工染料行业定下了自主创新的基调。

以此为起点，中国染料业不断成长。吉林染料厂是"共和国化工长子"——吉林石化最早建成投产的重点化工企业，于1957年10月建成投产，拥有印染助剂等22个生产车间，一度发展成为亚洲最大的染料化工生产企业，年产染料中间体3.5万吨，染料1万吨，产量居世界第二位。

中国染料工业虽然一直在发展，但速度并不快。改革开放初期，我国染料年产量只有 7 万吨左右，在产量、品种、质量、技术上远远落后于欧美国家。

进入 20 世纪 90 年代以后，我国染料生产进入高速发展阶段，染料产量多年保持两位数的高速增长，产品出口量平稳增长。目前，中国可生产的染料达 1200 多种，已成功研发出近 500 个新型环保型染料，环保型染料已超过全部染料的 2/3。在满足国内需求的基础上，染料产品每年出口到 130 多个国家和地区，近 1/3 的产量实现出口。中国已经成为全球染料生产、出口和消费的第一大国。

知识链接

印染助剂

印染助剂是在织物印花和染色的过程中使用的助剂，能够提高印花和染色的效果，其包括印花助剂和染色助剂，印花助剂有增稠剂、黏合剂、交联剂、乳化剂、分散剂和其他印花助剂等。

固氮为氨
化肥助力人们摆脱饥饿

在英国伦敦北部的赫特福德郡哈彭镇，有一所古老的农业研究所——洛桑试验站。该站自1843年成立至今，超过百年的试验项目有8个。其中一项是小麦长期种植施肥效果试验。试验结果显示，在170多年时间里，不施肥的小麦亩产量只有100余斤，施有机肥的则能达到200~300斤，而施化肥的则可达到1000斤，甚至2000斤。为人类生产丰盛食物的最大功臣之一就是化肥，而氮肥又是其中最为重要的一种。

咸鱼翻身的"劣质空气"

地球上并不缺少氮，仅空气中的氮含量就达 78%。但是，农作物不能够直接吸收氮，需要依靠聪明的科学家把大气中的游离氮固定下来，并转变为可被植物吸收的化合物，才能起到肥沃土地的作用。目前，固定氮最方便、最普通的方法就是直接将氮和氢合成为氨，再进一步制成化学肥料。

>>>英国化学家、物理学家约瑟夫·布拉克

看不见又摸不着的氮气，其发现史可以追溯到两个半世纪前的英国。化学家约瑟夫·布拉克原本是一名医生，却有那么一点"不务正业"，业余时间对化学研究有浓厚的兴趣。1755年的一天，他在实验室里做了一组实验，通过煅烧石灰石发现了二氧化碳。惊喜之余，他发现试剂瓶中还有另外一种未知的气体。

这到底是什么东西？他很好奇。他把燃烧的蜡烛放在盛满"未知气体"的容器里，蜡烛立刻熄灭了；他又把小鼠放进容器里，小鼠死掉了。这种神秘的气体让布兰克感到十分惊奇。但此时天色已晚，没有找到答案的布拉克只能恋恋不舍地放下手中的实验，沉思着往家里走。

回到家后，他翻阅了大量资料，也没有找到任何关于这种未知气体的信息。布拉克意识到自己发现了一种未知的气体，准备第二天继续进行研究。但事有凑巧，他任职的医院却突然晋升了他去从事管理工作。当了官的医生就吩咐得意门生丹尼尔·卢瑟福继续这项研究，自己则兴高采烈地上任去了。

卢瑟福似乎也有点"不务正业"，他对老师的叮嘱并没有放在心上，事隔十多年后的1722年，他才去做老师当年的实验。他比老师要聪明得多，在得到和老师同样的结果后，他仔细观察器皿里蜡烛和白磷对燃烧性的反应。结果，蜡烛和白磷相继熄灭了，他因此得出这种气体不能助燃、性质稳定的结论。卢瑟福将这种气体命名为"浊气"，并写成一篇名为《固定空气和浊气导论》的论文，在报刊上发表出来。

对氮气感兴趣的并不只是卢瑟福。也在这一年，英国化学家普里斯特利和药剂师舍勒通过一系列实验也在空气中发现了不助燃的"劣质空气"。1774年，化学家洛朗·拉瓦锡也重复进行了这种实验，最后他把舍勒笔下的"劣质空气"命名为"Nitrogen"，即"硝石组成者"的意思。

硝石的主要成分为硝酸钾（KNO_3），为无色透明粉末，无味，溶于水，稍溶于乙醇。古代中国人将它与硫黄和木炭进行混合，制成黑火药。西方人把硝石撒在田地

>>> 英国化学家丹尼尔·卢瑟福

>>> 英国化学家约瑟夫·普里斯特利

>>> 英国无机化学家
卡尔·威廉·舍勒

>>>法国化学家
洛朗·德·拉瓦锡

里，可以让庄稼长得更好。当时，中西方的人都不知道硝石中含有氮。

"劣质空气"四个字漂洋过海来到中国后，清代化学家徐寿觉得有些不雅，就把它译成了"淡气"，意思是这种东西"冲淡"了空气中的氧气。再后来，科学家又把"淡气"转化为"氮气"，并被中国科学界所接受。虽然氮气是由拉瓦锡命名的，但科学界公认它的发现者是英国科学家丹尼尔·卢瑟福。

>>>墙上的硝石

一堆鸟粪引发的国际血案

氮的发现本应该造福人类，但是，在西方殖民扩张史上，却因为争夺氮资源曾经大打出手。秘鲁钦查群岛是秘鲁西南部伊卡省所属群岛，群岛附近丰富的渔产吸引大量海鸟在岛上栖息，岛上因此积累了数千年的鸟粪，有些地方的鸟粪甚至堆积了几十米高。天长日久，鸟粪竟然变成了黄褐色的鸟粪石。

1864 年 4 月的一天，南太平洋原本平静的海面上，两艘西班牙护卫舰突然出现，怒气冲冲地直奔钦查群岛而去。岛上的秘鲁军队在毫无准备的情况下，仓促应对来犯之敌，很快就被打得落花流水。最终，西班牙缴获了一艘秘鲁战舰，秘鲁则彻底失去了对钦查群岛的控制权。

秘鲁曾经是西班牙的殖民地，1821 年 7 月 28 日才独立出来，建立了自己的国家。这次不宣而战让他吃了老宗主国的大亏，但军力有限，打不过老牌的殖民者，只能忍气吞声。谁知西班牙人并没有见好就收，而是得寸进尺地继续推进，将秘鲁港口全部封锁起来，大有不依不饶的架势。被逼到角落里没了退路的秘鲁，就和利益一致的智利、玻利维亚和厄瓜多尔结成防御同盟，于 1866 年 1 月 14 日对西班牙宣战。这场战争打了整整两年，最后以西班牙落败告终。

钦查群岛是不宜居住的干旱之地。西班牙与秘鲁争夺它，为什么会撕破脸皮大打出手呢？说来也许让人喷饭，西班牙战舰饿虎扑食一般冲向秘鲁时，扑住的并非黄金或美食，而是鸟粪。这场鸟粪争夺战被历史学家们称为"第一次鸟粪战争"。有第一次就有第二次，三个国家联手赶走了西班牙人之后，为了争夺三国交界处的阿塔卡玛沙漠中的鸟粪资源，玻利维亚、秘鲁于1879年又联手对抗智利，爆发了"第二次鸟粪战争"。这里的鸟粪有什么不同之处，能让数个国家发生了两次大战呢？答案很简单，这种鸟粪中富含氮、磷、钾元素，尤其是磷酸盐。

>>> 人们正在收集鸟粪

发现秘鲁鸟粪含氮的人是德国科学家亚历山大·冯·洪堡。1802年，他旅行至秘鲁，一天在海边散步时，发现不远处有很多人正在用船运输恶臭的鸟粪。经过观察，发现当地人把这些鸟粪施进沿海农田里，帮助农作物生长。

秘鲁海岛鸟粪多呈白色，但面前的鸟粪山是黄褐色。他感觉事有蹊跷，就在旅行结束后带了一些样品回到法国。经过鉴定，得知这种物质不仅是货真价实的鸟粪，而且是氮化合物含量极高的天然氮肥。从此，欧洲和美洲国家都认识到秘鲁鸟粪的价值，对其垂涎三尺；秘鲁也乘机和欧美做起了出口鸟粪的生意，在出口的货单上，鸟粪长期排在第一位。

洪堡的发现让秘鲁进入了长达 40 年的鸟粪繁荣时期。1840—1879 年，秘鲁出口的鸟粪总数约有 1270 万吨，收入达 1 亿～1.5 亿英镑。从购买力上来说，在 19 世纪，一英镑的购买力差不多相当于 2019 年的 91 英镑，收入总额折合人民币将近 900 亿元。在如此惊人的财富面前，欧洲列强大打出手就不足为奇了。

>>>德国科学家亚历山大·冯·洪堡

>>>秘鲁钦查群岛的鸟粪提取

合成氨与哈伯 - 博施法

合成氨是世界上重要的化工产品之一，也是全球产量第一的天然气化工产品。农业上使用的尿素、硝酸铵、磷酸铵、氯化铵以及各种含氮复合肥都以氨为原料。全球合成氨年产量已达到 1 亿吨以上，其中约有 80% 的氨用于生产化学肥料。

知识链接

氨

氨（NH_3）由一个氮原子和三个氢原子组成。合成氨是由氮和氢在高温高压及催化剂存在下按 1：3 的比例混合制成。制取合成氨所需的氮主要来源于空气，氢气的来源包括重油、渣油、煤炭等渠道，目前世界各国主要是通过将天然气中的碳氢化合物转化为氢和一氧化碳制取氢。

氨的发现并实现工业化生产与人类对氮的利用有直接关系。早在 19 世纪中期，人们越来越认识到氮元素对于生物的重要作用。但是，植物不能直接从空气中吸收这种游离状态的氮作为养料，只能靠根部从土壤中吸收含氮的化合物。因此，生物从自然界索取氮元素作为自身营养的问题，最终归结为植物由土壤吸收含氮化合物的问题。为了生产出源源不断的氮肥，科学家就将目光投向了取之不尽、用之不竭的空气。如果能将空气中的氮气转化成氨，人工完成固氮反应，就可以实现氮肥的工业化生产。

氨气又称"阿摩尼亚"（ammonia）气。这个词来自古埃及太阳神 Ammon。这是由于在古埃及太阳神神殿旁堆积着朝拜人骑的骆驼排泄的粪便和剩余的供品，经过长时间变化释放出来含氨的气体。在自然界中任何一种含氮有机物在没有氧气的情况下分解时就产生氨。这种分解作用是由于受热或受细菌的作用发生的。在马厩里和下水道里可以闻到氨的刺鼻的臭味。

1774 年，英国化学家普里斯特利在加热氯化铵（NH_4Cl）和生石灰（CaO）的混合物时，首先收集到氨气，他称它为"碱空气"（alkalineair）。1784 年，法国化学家贝托莱（Claude Louis Berthollet）分析了氨气的气体组成，确定它是由 1/4 体积的氮和 3/4 体积的氢组成的。

自从 19 世纪以来，很多化学家采用各种方法试图由氮气和氢气合成氨，一直未能成功，以至于有人认为根本不可能用氮气和氢气合成氨。利用氮、氢为原料合成氨的化学方程式为 $N_2+3H_2 \longrightarrow 2NH_3$，就是这样一个简单的反应难倒了众多杰出的科学家，在长达 150 年的艰难探索中一直没有找到答案。

氮分子的结构非常稳定，人力很难把它打破。据说在自然界中只有闪电劈下来之后，才能将其分解开，空气中的氮气就是借助这种方式被直接转化掉的。但是，人类是不可能借助闪电来分解氮的。于是有化学家就想模仿自然现象，让空气通过电弧产生一氧化氮，然后再制成硝酸。但是生产率很低，且耗电量非常大，将 1 吨氮气转化为氮肥竟然要用 60000 度 ❶电，成本之高根本无法进行大规模工业生产。

化学平衡理论诞生后，人们才认识到用氮气和氢气去合成氨是一种可逆反应，说明将氮和氢合成氨在理论上是可行的。德国物理化学家威廉·奥斯特瓦尔德率先提出了氮气和氢气在高温高压条件下合成氨的流程，在理论上描绘了工业合成氨的蓝图。

在这种理论指导下，1901 年前后，法国化学家勒夏特列进行了高压

---

❶ 1 度 =1 千瓦时。

■■■■ 知识链接 ■■■■

催化剂

在化学反应中能改变（加快或减慢）其他物质的化学反应速率，而本身的质量和化学性质在反应前后都没有发生变化的物质叫作催化剂。催化剂在化学反应中起的作用叫催化作用。固体催化剂在工业上也称为触媒。

>>> 惹人争议的哈伯

合成氨实验。在实验中，他不小心在合成塔中混进了氧气，发生了剧烈爆炸。他始终没有查清原因，加上实验风险比较大，勒夏特列草率地放弃了这项研究。在少有科学家敢再涉足这个课题时，李比希的学生哈伯（Fritz Haber）却迎难而上，决心继续攻克这一令人生畏的难题。

哈伯沿用了前人提出的提高氨产率的高压加高效催化剂的思路。他先是利用碳与水、氧气反应的原理，设计了把水转化为氢气，把空气中的氧气除去而获得氮气的工艺流程，并在实验室获得成功，从而解决了原料气的来源问题。接下来，要确定氮气和氢气应该在多高的温度、多高的压力下才能进行反应，该反应使用哪种催化剂最合适，这些问题又让他进入多年的探索之中。

1901—1911 年，哈伯和他的学生勒罗西尼奥尔（R.LeRossignol）以及同事们进行了两万多次实验，在 1910 年 5 月终于在实验室取得可喜成果。他采用锇作催化剂，在 20 兆帕压力和 550℃温度下，在氮气和氢气反应后的混合气体中得到了 8% 的氨。1910 年 5 月 18 日，他在德国卡尔斯鲁厄（Karlsruhe）自然科学讨论会上发表演讲，并展示了高压合成氨实验装置，自豪地宣告合成氨新的工业化的路径已经被他找到。

>>>哈伯制作的合成氨装置（引自《化学传奇》）

8% 的转化率远远不能满足大规模工业生产所要求的经济效益。哈伯又采用让反应气体在高压下循环使用的方法，不断地把反应生成的氨分离出来，从而提高了氨气产率。哈伯将他设计的工艺流程交给了德国的巴登苯胺和纯碱制造公司（巴斯夫公司的前身），与他们商谈进行工业化生产。

1911 年，在德国路德维希港附近的奥堡建立起世界上第一座合成氨工业装置，氨的年生产能力为 9000 吨。但是，采用的催化剂锇在自然界的储量极少，成本较高，打算和哈伯合作的巴登苯胺和纯碱制造公司思量再三，觉得不靠谱，突然提出要撤资。

为了继续合作，哈伯不得不开始寻找新的廉价催化剂。在此过程中，巴登苯胺和纯碱制造公司固氮项目负责人、德国化学家卡尔·博施加入项目，他和哈伯联手在两年时间里进行了 6500 多次试验，测试了 2500 种不同的催化剂配方，最终找到了新的催化剂——在纯铁中加入氧化铝和氧化钾后形成的一种新物质。同时，卡尔·博施还改进了生产工艺，在 1913 年形成了新的工业化生产合成氨方法，这个方法被称为"哈伯－博施法"，被一直沿用至今。

哈伯的发明使大气中的氮成为生产氮肥的廉价原料，结束了农业生产完全依靠天然氮肥的历史。瑞典科学院为表彰哈伯，把 1918 年的诺贝尔化学奖颁发给他，博施也荣获了 1931 年诺贝尔化学奖。

　　哈伯－博施（Haber-Bosch）开创的催化合成氨技术，被认为是20世纪对人类最伟大的贡献之一。从这项技术的开创到2016年，世界人口从16亿增长了3.5倍，已达72亿，而粮食产量却增长了6.7倍。假若没有这项发明促进粮食增产，世界上将有约50%的人处于饥饿之中。

　　但令人扼腕的是，哈伯虽然合成了挽救千百万饥饿生灵的氨肥，但也在第一次世界大战中设计了一种惨无人道的武器。根据哈伯的建议，1915年1月德军把盛装氯气的钢瓶放在阵地前沿释放，借助风力把氯气吹向敌阵。第一次野外试验获得成功。同年4月22日，在德军发动的伊普雷战役中，德军在前沿阵地上释放了180吨氯气，约一人高的黄绿色毒气借着风势沿地面冲向英法阵地，进入战壕并滞留下来。这股毒浪使英法军队感到鼻腔、咽喉灼痛，随后有人窒息而死。英法士兵被吓得惊慌失措，四散奔逃。英法军队约有15000人伤亡。这是军事史上第一次把化学武器用于战争中，而策划者就是哈伯。他的妻子伊梅瓦尔（Clara Immerwahr）是一位化学博士，曾恳求他放弃这项工作，遭到丈夫拒绝后用哈伯的手枪自杀身亡。

从尿液中提炼出的尿素

为什么要对农作物施肥？施肥的基本原理是什么？哪些元素有利于植物生长？回答这些问题的人是德国植物营养科学的奠基人李比希（Justus von Liebig）。经过多年的研究和实验，他提出的植物矿质营养学说、养分归还学说和"最小养分律"，对探究植物的生长原理、恢复和维持土壤肥力具有重要意义。这些理论对当时的化学肥料研究起到了指导作用，启发很多科学家持续投入化肥研究之中。德国化学家弗里德里希·维勒（Wohler）就是深受他的理论影响的人之一。

就植物生长而言，在当时的欧洲流行着腐殖营养学说和生命力学说。腐殖营养学说认为，植物的花叶枝条掉落到土壤中腐败之后，变成供其生长的养分；而生命力学说则是形而上学的一种理论，认为植物自身存在一种看不见摸不到的神奇的"生命力"维护其生长，但生命力到底是什么，却无人给出可以信服的答案。维勒的两位老师格梅林和贝采里乌斯都是"生命力"论的宣扬者和维护者。

>>>德国化学家弗里德里希·维勒

维勒出生于1800年。他虽师从于贝采里乌斯，但却是生命力学说的坚定反对者。围绕是否存在生命力的问题，他和李比希进行了多年的探讨和实验。最终，维勒成功地合成了尿素，让生命力学说走到了终点。

尿素的起源最早可追溯到1773年，法国化学家希拉尔·马丁·鲁埃勒（Hilaire Martin Rouelle）在尿液中发现了这种物质，故称之为尿素。后来，英国化学家普劳特（William Prout）对尿素进行了分析，初步认识到尿素是一种白色晶体，易溶于水。

维勒合成尿素是一种偶然情况下的"艳遇"。1824年，他在实验室中使用无机物质氢氰酸和硫酸铵人工合成氰酸铵，却误打误撞地得到了一种新的物质——尿素。谨慎起见，维勒又进行了长达四年的研究后，才于1828年在《物理学和化学年鉴》第12卷上发表了《论尿素的人工合成》一文。他明确指出："这是一项从无机物人工合成有机物的范例。"

维勒写信告诉自己的老师贝采里乌斯说："我制造出尿素，而且不求助于肾或动物——无论是人或犬。"贝采里乌斯回信表示了谨慎的祝贺，但也提出了质疑。而李比希则写道："我们感激维勒不借助生命力的作用，令人惊奇且在一定程度上难以解释地制成尿素，这一发现

知识链接

尿素

尿素 [$CO(NH_2)_2$] 学名碳酰二胺，是由碳、氮、氧、氢组成的一种白色晶体。含氮量为46%。除了可以作为肥料外，在工业上还是制造树脂、涂料和纤维的原料，在医药、炸药和制革等领域均有广泛用途。

知识链接

氰酸铵

氰酸铵（NH_4OCN）为无色正方系晶体，易溶于水，稍溶于乙醇，不溶于乙醚和苯。氰酸铵是尿素的同分异构体，在高于室温条件下长期保存即转变为尿素。

必将打开科学中的一个新领域。"

人工合成尿素推翻了生命力学说宣传的人工只能合成无机物的观点，揭开了人工合成有机物的序幕。可惜的是，那时人们并没有认识到尿素可以作为一种人工氮肥帮助农民提高粮食产量。

在维勒之后，又出现了 50 余种合成尿素的方法，但都因技术粗糙和原料来源等原因，没有实现工业化生产。对现代尿素工业作出巨大贡献的是 1868 年俄国化学家巴扎罗夫（**А.и.Базаров**），他采用氨和二氧化碳为原料合成尿素，奠定了现代尿素工业化生产基础，这种方法一直沿用至今。而氨也从此登上了世界化肥工业的舞台。

1922 年，德国一家公司采用氨基甲酸铵大量生产尿素，这时的尿素仍然没有作为氮肥使用，主要是用作制造炸药等的原料。后来，美国杜邦公司生产尿素，于 1935 年开始作为化肥投放市场。随着生产技术的进步和石油工业的发展，尿素的产量迅速增长，目前已占氮肥总量的1/3。

>>> 尿素

中国首套大化肥设备诞生记

　　中国最早的化肥厂是民族实业家范旭东先生于 1934 年创办的永利铔厂。作为中国杰出的化工实业家、中国重化学工业的奠基人，范旭东被称为"中国民族化学工业之父"。

>>> 侯德榜（左 1）、范旭东（左 2）在铔厂

新中国成立后，百废待兴，国家为了发展农业，解决百姓吃饭问题，从 20 世纪 50 年代开始发展氮肥工业，以氮肥设备制造为主的化工设备制造业逐渐发展起来。1961 年，研制成功 2.5 万吨 / 年合成氨成套设备，1966 年研制成功 5 万吨 / 年合成氨和 8 万吨 / 年尿素成套设备。但是，这些进展仍然远远不能满足我国农业对化肥的需求。20 世纪 70 年代初，为了解决粮食生产问题，中国仍然进口了 13 套年产 30 万吨合成氨设备。

为摆脱依赖国外的被动局面，研制大型成套设备已势在必行。1973 年 3 月，第一机械工业部、燃料化学工业部开始组织研制年产 30 万吨合成氨和 52 万吨尿素大型成套设备。同年 11 月，两部委领导在上海召集 17 家设计、研制和生产单位开会，确定了 30 万吨 / 年合成氨、52 万吨 / 年尿素成套设备的设计原则和规模等级。会议决定，合成氨成套设备的研制以上海市为主，全国 23 个省市的 120 多家单位共同承担。

>>> 钾厂高压部

不久，成立了以上海化工研究院为主，化工部第四设计院、吴泾化工厂参加的联合设计组，设计领导小组组长为陈昌达，设计总负责人为汪幼芝。由上海化工研究院负责总体及 30 万吨／年合成氨装置设计，化工部第四设计院负责 52 万吨／年尿素装置设计。

合成氨和氮肥成套设备，涉及 35 种关键机电设备和高中压阀门以及 233 种关键仪表的研制，设计加工难度超乎想象。经过各单位集体努力，先后研制成功氮氢气、氨气、空气三种大型离心式压缩机，以及直径 3200 毫米高压合成塔、高温高压废热锅炉、高速冷氨调节泵等关键设备。在设计一段转化炉时，创造性地采用既能用轻油也能用天然气为原料的油气两用方法。更为重要的是，整套装置所需的 9 种催化剂全为国产。

装置于 1979 年底建成，12 月 31 日在上海吴泾化工厂试车，一举成功。这是我国第一套自行设计、施工、安装的大型化肥装置，达到了 20 世纪 70 年代初的世界先进水平。

中国首套大化肥装置研制成功，加速了国内氮肥工业装置大型化、国产化进程。尤其是进入 21 世纪以来，更是不断创造创新，使氮肥生产大型装置连年频传捷报，其中，由中国石油组织建设的国内首套以天然气为原料的国产化大型化肥装置工艺流程于 2018 年 5 月在宁夏石化全线贯通，一次开车成功产出尿素产品。该装置年产 45 万吨合成氨和 80 万吨尿素，是国内首套采用自主知识产权成套技术设计的大型化肥装置，设备国产化率达到 99% 以上，技术水平及能耗、物耗等主要技术经济指标达到国际同类装置的先进水平。

　　大化肥装置助力我国拥有了全球最丰富的化肥产品和最大的化肥生产能力。全球化肥生产企业 70% 在中国，中国化肥生产量约占全球的 1/4，产值占全球的 1/3。2020 年，我国合成氨产量达 5117 万吨，成为名副其实的化肥强国。

>>> 吴泾化工厂全景

务农问药

给生病的农作物开药方

　　早在公元前5世纪，中国人就开始使用牡鞠、芥草、蜃炭灰灭杀害虫，用含砷矿物杀鼠。东汉时人们用炼丹术制造白砒治虫，唐代用砷化物防治庭院虫害，明代《本草纲目》也介绍了砒石、雄黄、百部等杀虫物质。进入现代以来，尤其是石油化学工业的进步，以苯、氨和吡啶等化合物为原料的现代农药业得到了长足的发展，给各类农作物开出了健康生长的新药方。

庄稼有收没收在于药

　　1845 年，孤悬于欧洲大陆之外的爱兰尔暴发了大规模的马铃薯晚疫病，即一种名叫马铃薯晚疫病菌的真菌造成的马铃薯疾病。马铃薯晚疫病会使马铃薯幼苗整株腐烂，而且传染性极强，只要有一株马铃薯感染，就会迅速传染到其他植株，造成马铃薯歉收甚至绝收。因缺乏对症的农药，无法控制疫情，几个星期之内，当地的马铃薯大面积腐烂。

>>> 马铃薯植株的晚疫病

马铃薯也叫土豆，是爱尔兰人的日常主食。土豆的严重减产和大片土地绝收，导致爱尔兰几十万人饿死，百余万人背井离乡。有专家指出，如果没有农药，这种灾难会不断上演，今天地球上的人口将有一半被饿死。因此，解决好吃饭问题，一直是各国政府的头等大事，而科学使用农药则是必不可少的技术手段之一。

在自然界中，由真菌引起的植物病害达 1500 种，线虫引起的病害达1000 多种，危害植物的昆虫多达数千种，老鼠等啮齿类和其他脊椎类有害生物也有几十种。此外，还有几百种杂草也在拼命争夺土壤里面的养分，导致农作物营养不良，减产甚至绝收。这些病、虫、草、鼠严重威胁农作物的生长，是同人类争夺粮食的重要对手。战胜它们的最好手段就是化学农药。

科学家曾经做过试验，如果不施农药，病、虫、草、鼠的侵害会使农作物受损75% 左右，其中由于病虫害引起减产的多达 53%。因此，农民的口中有了"收多收少在于肥，有收没收在于药"的说法。

有人会说，不用农药和化肥，全部改为有机作物不香吗？不过，科学实践证明，不施农药的有机食品并非绝对安全。曾有外国科学家分析了 200 种不使用化学农药的比利时有机苹果和使用化学农药的普通苹果加工的果汁样本，惊奇地发现有机苹果汁的棒曲霉素浓度是普通苹果汁的 4倍。在意大利销售的果汁检测结果同样如此。通常情况下，用普通方法种植的水果果汁中，检测到的棒曲霉素占 26%，而在有机种植的水果果汁中则达到 45%。因此，有机种植并不等同于不含有毒污染物。

此外，有机食品种植成本高，价格昂贵，在全球不少地区温饱问题尚未完全解决的当代，不可能大规模推广。在进入信息时代的社会里，回过头来再去追求自然耕种、天然生长，无异于不用电脑而去拨算盘，不仅浪费土地资源和人力资源，也无法满足日益增长的世界人口的吃饭需求。因

此，有机食品对于少数消费人群来说可以有，但在解决近 80 亿人口的吃饭问题时，此路则不通。

"滴滴涕"的是非功过

1944 年，第二次世界大战期间，盟军进驻意大利那不勒斯城。由于军营中虱子暴发性繁殖，导致流行性斑疹伤寒传播，整个城市笼罩着死亡的阴影。危急之际，瑞士化工巨头——嘉基（Geigy）化学公司向军方提供了一种化学农药，试用后发现该药剂对伤寒病毒灭杀效果很好。于是，当局下令在城市设立多处消毒站，让盟军士兵和城内居民排队接受药剂消毒，从而有效控制了伤寒的流行。让盟军免于伤寒侵袭的这种农药就是滴滴涕（DDT）。

滴滴涕的出现，代表着世界化学农药时代的开始。而其使用、禁用和重新使用的过程，也是很多化学农药坎坷发展的缩影。

最先发明滴滴涕的并非嘉基化学公司，而是一个名叫欧特马·齐德勒（Othmar Zeidler）的德国学生。有趣的是，这种神奇的药物并非他呕心沥血的发明，而是一次漫不经心的偶遇。1874 年的一天，欧特马·齐德勒如往常一样走进化学实验室，练习老师上节课讲授的一种化学合成技术。他用三氯乙醛、氯苯和硫酸反应制得

>>> 国外农药推广广告

■■■■ 知识链接 ■■■■

滴滴涕

合成滴滴涕的主要原料有三氯乙醛、氯苯和硫酸等。滴滴涕曾是广泛使用的杀虫剂之一，主要用于防治棉蕾铃期害虫、果树食心虫、农田作物黏虫、蔬菜菜青虫等。也用于环境消杀，防治蚊、蝇、臭虫等。

■■■■ 知识链接 ■■■■

三氯乙醛和氯苯

三氯乙醛（C_2HCl_3O）是无色易挥发油状液体，有刺激性气味。溶于水、乙醇、乙醚和氯仿。主要原料为乙醇、氯和浓硫酸，反应后经蒸馏即可制得。氯苯为无色液体，用苯直接氯化制氯苯的方法，是英国于1909年首先用于工业化生产的，并一直沿用至今。

了一种油脂性的淡乳白色芳香粉粒，这种物质就是二氯二苯基三氯乙烷，英文简称DDT，译为中文就是滴滴涕。

当时，大家对这种东西没有产生太大的兴趣，齐德勒也不知道DDT有什么用处，只记录了一下它的化学成分，就将这份DDT文献搁置在图书馆的书架上，去忙别的事了。他哪里会想到，他合成的这种小颗粒会在多年以后大放异彩，改变了世界农林业的害虫防治史，并拯救了很多人的生命。

1939年秋季，瑞士嘉基化学公司化学家保罗·穆勒（Paul Muller）博士在进行羊毛防蛀剂研究时，意外发现了滴滴涕的杀虫功效。他在瑞士"马铃薯甲虫"防治上小试锋芒，取得了杀虫率100%的效果！紧接着，穆勒又将滴滴涕用于食叶害虫和卫生害虫的防治，效果同样显著。这令他兴奋不已。自此，被束之高阁达60多年的滴滴涕咸鱼大翻身，从图书馆中的几张废纸迅速变成了世界著名的科技发明。

瑞士嘉基化学公司很快申请了专利，并于1942年在市场上推出了两种滴滴涕杀虫剂售卖。当他们得知盟军在意大利受到伤寒困扰时，火速支援了6磅滴滴涕，出乎预料的防疫效果让滴滴涕一炮而红，享誉世界。穆勒也因此于1948年获得了诺贝尔奖。由于杀虫效果好、适用范围广以及容易生产，滴滴涕迅速地被推广到了世界各地。据统计，从 1942 年到 1952 年，滴滴涕至少拯救了 500 万人的生命，使数千万人免于疟疾、伤寒等疾病的侵害。

到 1962 年，全球疟疾发病率大幅降低。为此，世界各国响应世界卫生组织的建议，在当年的世界卫生日发行了世界联合抗疫邮票。在该种邮票上，许多国家都采用滴滴涕喷洒灭蚊的情景设计，表达了对滴滴涕这种"神药"的敬意。

滴滴涕更大的作用是作为一种农药施于农田之中，防治棉花蕾铃期害虫、越冬红铃虫和森林害虫。良好的杀虫效果让世界各地的农田病虫害大幅降低，农作物产量平均增长了近两倍。我国在 20 世纪 50 年代曾流传过这样的歌谣："要吃白米饭，只要二二三（即滴滴涕）"，形象地说明了滴滴涕对防治粮田害虫的作用。

>>> 世界联合抗疫邮票

■■■ 知识链接 ■■■

"六六六"

"六六六"（$C_6H_6Cl_6$）是一种广谱杀虫剂，可以防治蝗虫、稻螟虫、小麦吸浆虫等农业害虫，其分子式中有 6 个碳原子、6 个氢原子和 6 个氯原子，因此有了"六六六"的商品名称。生产方法是用苯在紫外线照射下和氯气作用生成的一种白色粉末。

和滴滴涕同属于有机氯农药一族的"六六六"也有着同样的辉煌。1825 年，"六六六"由英国科学家 M. 法拉第首次合成。1942 年，法国人 A. 迪皮尔和 M. 拉库尔、英国人 R.E. 斯莱德发现了它的杀虫活性，很多国家开始大规模生产和应用。

在中国，华北农业科学研究所 1949 年成立后，马上组建了专门的合成研究组研制生产"六六六"，很快获得成功并投产。新中国的农药工业就这样以"六六六"的研制为起点发展起来。1951 年 6 月，中央人民政府派出 4 架飞机前往河北省黄骅县协助当地农民灭蝗，大大减轻了人工灭蝗的压力。"国家派飞机来打蚂蚱"的消息，一时间感动了无数当地农民。

>>> 被公认为全球环保先驱的蕾切尔·卡逊

>>> 《寂静的春天》封面

任何一种科研成果一旦滥用，都会造成负面影响。滴滴涕与"六六六"因在土壤中的持效性较长，对人体和环境的累积毒性受到了世界关注。1962年，美国作家蕾切尔·卡逊在《寂静的春天》一书中，阐述了农药对环境的污染，分析了化学杀虫剂对生态系统的危害，最终导致发达国家在 20 世纪 70 年代开始禁用"六六六"，滴滴涕的使用也仅限于疟疾防治。1983 年，中国也开始全面禁止生产和使用"六六六"与滴滴涕。但令人想不到的是，进入 21 世纪之后，部分地区疟疾复燃，很多国家又开始重新使用滴滴涕，只不过不是在农业上，而是用于防疫。

滴滴涕先后影响了人类生活百余年，是非功过仍然存在争议。但应当承认的是，滴滴涕是人类智慧的结晶，是化学工业发展的产物。滴滴涕从产生到被禁用再到被重新使用，就是人们对滴滴涕的认识由浅入深的过程。这个过程提醒人们，任何一种科技产品都存在两面性，如何科学、合理地利用才是恒久不变的真理。

越战中摧枯拉朽的成绩

与滴滴涕在"无意中"产生的"副作用"相比,农药曾经作为"生化武器"误入邪路,让越南人大受伤害,这种农药就是"橙剂"。

20世纪60年代至70年代,美国陷入越战泥潭。越共游击队出没在树叶茂密的丛林之中,来无影去无踪,声东击西,打得美军晕头转向。越共游击队还利用长山地区密林的掩护,开辟了沟通南北的"胡志明小道",运输各类物资。

美军为了改变被动局面,切断越共游击队的供给,决定首先清除视觉障碍,使越共军队完全暴露在美军空中打击的火力之下。为此,美国空军实施了臭名昭著的"牧场手行动",用飞机向越南丛林中喷洒了7600万升

>>> 喷洒"橙剂"的飞机

落叶剂，企图以此清除遮天蔽日的树木，让越共游击队无处藏身。同时，美军还利用这种除草剂毁掉了越南大片农田。他们所喷洒的面积占越南南方总面积的10%，很多地区甚至被反复喷洒，让原本热带植物茂密的丛林变成了一片片荒地。由于这种化学物质被装在橘黄色的桶里，所以称为"橙剂"。

"橙剂"中的二噁英等成分化学性质十分稳定，其毒性相当于人们熟知的剧毒物质氰化物的130倍、砒霜的900倍。在环境中自然消减50%就需要耗费9年时间；进入人体后，则需14年才能全部排出。受到"橙剂"污染的土壤至今仍在影响着越南人的生活，毒害着他们的食物链，并导致许多健康问题，如严重的皮肤病、肺癌、肝癌、前列腺癌等。越战中曾在南方服役的人，其孩子出生缺陷率高达30%。

在越南胡志明市的图杜医院，有100多位身患"橙剂后遗症"的孩子，这些孩子自出生之日起，就伴随着肢体畸形、智力障碍等多种难以治愈的疾病，他们都是越战中的"橙剂"受害者。这些遭受"橙剂"迫害的孩子，在越南国内有50多万人。战争的硝烟已经消散了70余年，但是，"橙剂"的毒害仍在肆虐，这不禁让人们提起这种化学制剂就会心有余悸。

>>> 阿瑟·高尔斯顿

"橙剂"发明者阿瑟·高尔斯顿的初衷，并非为美军制造越南战场上的生化武器。高尔斯顿是美国著名的植物学家，他的工作就是如何帮助植物更好更快地成长。经过高尔斯顿不懈努力，他终于合成了一种叫作二碘苯甲酸（TIBA）的高效除草剂，这种除草剂可以快速杀死侵袭植物的传染病菌，并帮助植物更快地开花结果。

不过，这种除草剂并非毫无缺点，它的负面作用会让植物本身掉落更多的叶子，所以这种除草剂还被称为"落叶剂"。高尔斯顿本人也没有想到，参与越南战争的美军生物学家，竟然会利用他的研究成果，制造出了可怕的生化武器"橙剂"。

"橙剂"变身为一种化学武器投入战争中使用，给人类带来深刻而惨痛的教训。1976年12月10日，联合国大会通过了《禁用改变环境技术公约》，该公约禁止"任何技术用于改变地球的生物群体"的组成或结构，严格限制"落叶剂"的大量使用。美军飞机用"橙剂"消灭藏身于丛林游击队的战法，被迫退出了历史舞台。

知识链接

"橙剂"

"橙剂"（agent orange）是掺杂了一种剧毒物质二噁英（TCDD）的除草剂。其成分为植物生长调节剂2,4,5-三氯苯酚（2,4,5-T；2,4,5-trichlorophenol）和2,4-二氯苯氧乙酸（2,4-D；2,4-dichlorophenoxyacetic acid），平均浓度为10毫克每千克。美国医学院的报告表明，"橙剂"与淋巴瘤、白血病、癌症和萎黄病等多种疾病之间存在着联系。

知识链接

二噁英

二噁英即六元杂环化合物1,4-二氧杂环己二烯，是一类具有极高毒性的有机化合物，对环境和人类健康具有严重威胁。它们在环境中难以分解，能够长期存在并累积在土壤、水体和大气中，同时通过食物链的传递进入人体，对人体健康产生严重影响。

探路转基因的草甘膦

本应和平使用的"橙剂"，却成为反人类的侵略战争的帮凶；而为了战争而研发神经毒气，却鬼使神差地弄出了一种高效农药——有机磷农药。原来，在第二次世界大战期间，德国法本公司的施拉德（Schrader）等人在研究军用神经毒气时，经过对有机磷化合物的分析，发现有机磷酸酯具有强烈杀虫作用。

1941年，施拉德等人先后合成了八甲基焦磷酸酰胺（OMPA）和四乙基焦磷酸酯（TEPP）杀虫剂，1944年又合成了代号E605化合物，以其广谱、高效的杀虫活性而被许多公司争相投产。尤其是E605的问世，成为有机磷化合物实用研究的一大突破，带动许多国家合成出氯硫磷、倍硫磷、杀螟松等农用药物。有机磷农药比有机氯农药容易降解，对环境的污染及对生态系统的影响明显降低，加之具有药效高、品种多、防治范围广、成本低等优点，在世界范围内开始广泛应用。

1950年，瑞士化学家亨利·马丁（Henri Martin）博士在工作中发现了 *N*-（膦酰基甲基）甘氨酸，即后来的草甘膦，因为确定其不具有药物作用，该化合物当时并没有得到广泛应用。1970年，孟山都公司的John Franz博士经过研究，确定了草甘膦具有除草活性，这项发现推动孟山都公司开发出有机磷类除草剂的代表产品——草甘膦，于1974年正式上市。因其具有高效、杀草谱广、低毒、易分解、低残留、对环境安全等特点，迄今仍在国内外广泛应用。

草甘膦在杀除野草的同时，会不可避免地误伤农作物。为解决这个问题，科学家们脑洞大开地培育出一种抗草甘膦的作物，以便让农民们放心大胆地使用草甘膦。经过多年研究，孟山都公司利用基因工程等手段，于1996年将抗草甘膦的基因转入植物体内，培育出了抗草甘膦大豆。1997年，又出现了抗草甘膦棉花和抗草甘膦玉米，抗草甘膦作物在美国、巴西和澳大利亚等国推广开来。

>>> 某厂家生产的草甘膦

1998年之前，草甘膦在全球除草剂市场仅位列第4或第5位。自1996年抗草甘膦转基因作物问世之后，草甘膦销售一路飙升，到2012年，其在全球农药市场占有率已达8.7%。在转基因农作物中，抗草甘膦转基因类独领风骚，几乎遍及人工种植的所有农作物。

作为全球农业生产中使用最为普遍的广谱除草剂，草甘膦在世界160多个国家得到应用，并进行了总数超过300个独立毒理学研究和800个实验研究，拥有40年的良好长期安全使用纪录。由联合国粮农组织和世界卫生组织共同建立的国际食品法典委员会（CAC）等机构，给出的结论

都认为草甘膦"不太可能导致人类癌症"。

任何科研成果都不可能十全十美，草甘膦也是如此。由于使用量越来越大，造成大豆、玉米、油菜籽所含草甘膦日渐增多，在一定范围内产生了争议，也引起了包括国际癌症研究机构（IARC）在内多个世界健康组织的担忧，欧洲诸国及泰国、印度等国家已经开始禁止使用草甘膦。但是目前，科学界的总体结论是草甘膦是高效、低毒、低残留的代表，相对来说是安全的。

>>> 喷洒草甘膦除草

前景广阔的拟除虫菊酯

公元前 400 年，在古波斯一带，一位美丽的女子从田间采回一些美丽的小花，日日陪伴着她花香四溢。不久花儿枯萎后，她把它丢在了屋角。没有想到数周后，她发现在枯花周围有一些平日非常讨厌的虫子死在那里。这就是发现除虫菊具有杀虫作用最早的传说。据说，波斯人还提取其中的活性成分——除虫菊酯，制成天然杀虫剂，把它喷洒在作物上，保护它们免受螨虫、蚂蚁、蚜虫的侵害。

>>> 除虫菊

但是，进入 20 世纪 40 年代，世界主要除虫菊生产地并不是伊朗，而是肯尼亚。世界上 70% 以上的除虫菊来自肯尼亚，除虫菊成为该国仅次于咖啡和茶的第三大作物。1963 年，肯尼亚宣布独立时，国徽上马赛勇士盾牌和两只狮子脚下，都采用了黄白菊花图案。

天然除虫菊酯是古老的植物杀虫剂。1909 年，日本药物学家富士发表了

■■■■ 知识链接 ■■■■

除虫菊

一种白色的菊花，其花朵中含有 0.6%～1.3% 的除虫菊素和灰菊素，除虫菊素又称除虫菊酯，是一种对人毒性很低，而杀虫能力很强的无色黏稠的油状液体。制成粉剂或用有机溶剂提取杀虫有效成分制成植物性农药，可杀灭农作物和林木中的害虫。

一篇报道，提出它的有效成分是一个"酯"。1923年，日本的山本第一次证实构成酯的酸具有三环结构（环丙烷）。20世纪40年代，其化学结构才被研究确定，类似物质的合成研究也陆续开始。

随着化学工业的兴起，人们有了人工合成除虫菊酯的能力，这种合成的物质被称为拟除虫菊酯。仿生合成的杀虫剂，是通过改变天然除虫菊酯的化学结构而衍生出来的合成酯类。1949年，美国的M.S.谢克特等人合成了第一种商品化的类似物——丙烯菊酯。1954年，丙烯菊酯被日本一家公司添加到蚊香中。

20世纪50—60年代，随着精细化工技术的进步，又有一些类似化合物陆续研制成功，通称为合成拟除虫菊酯。这些早期品种与天然除虫菊酯一样，在光照下易分解失效，仅适用于室内条件下防治害虫。目前，家庭用于防治蚊虫的产品（如蚊香、杀虫剂等）95%以上以拟除虫菊酯为有效成分。

随后，以克服光不稳定性和提高杀虫活性为研究重点，又开发了苄菊酯、苄呋菊酯、胺菊酯等。1972年，英国的埃利奥特（Elliott）博士合成了第一个适用于农林害虫防治的氯菊酯，并于1977年实现商业化生产。其药效比滴滴涕高几十倍，在光照条件下更加稳定，持效期长达7~10天。此后，不断出现氰戊菊酯等许多光稳定性品种，业界称之为第二代拟除虫菊酯。

20世纪80年代以来，结构改变的研究仍在深入，并有了新的进展，陆续研制成功氯菊酯、胺菊酯、氯氰菊酯和溴氰菊酯等多个菊酯类农药，它们都被世界卫生组织推荐用于农业虫害防治。其中，以间苯氧基苯甲醛、氢氰酸、吡啶等为原料生产的溴氰菊酯，即人们常说的"敌杀死"，是菊酯类杀虫剂中毒力最高的一种，对害虫的毒效可达滴滴涕的100倍、马拉硫磷的550倍，对多种害虫有效。

拟除虫菊酯杀虫剂具有很强的触杀和减毒作用，高效低毒，防治谱广，对环境污染极小，是目前唯一一种可以同时在家庭和大田使用的杀虫剂。进入市场后，逐步替代有机磷和氨基甲酸酯产品，成为农田虫害防治产品中不可或缺的主角之一。不过，它也有一个缺点——大部分有害生物易对其产生耐药性，因此在施用时要科学得法。

世界拟除虫菊酯工业技术门槛高，生产难度大，仅有少数国外大型企业从事该项目研究。1983 年，中国停止"六六六"、滴滴涕的生产和使用后，研制投产数个拟除虫菊酯产品，带动了中国农药工业的快速发展。如今，在世界农药前 20 强阵营中，中国与德国实力相当，分别占据约 30% 的销售市场份额。中国作为世界最大的农药生产国，不仅能生产 600 多种原药、上千种制剂，而且以环境友好型农药为主。

>>> 喷洒拟除虫菊酯杀虫剂杀灭下水道内的蚊虫

软轮空胎
橡胶助演的速度与激情

　　自从19世纪末汽油发动机发明以来，汽车就成了与石油关系最为密切的出行工具。盘点一辆汽车的全身上下，从作为燃料驱动汽车前进的汽油、柴油，到树脂材料做成的内饰、让汽车顺滑运转的润滑油、让车身色彩炫酷的车漆等，满满地全是石油元素。此外，作为汽车能够滚滚向前的主要部件，橡胶轮胎更是举足轻重，让人们驾驶着汽车上演了一系列的速度与激情的变奏曲。

Petroleum

改变世界的硫化橡胶

各种车辆的轮胎制作都离不开橡胶。在合成橡胶出现之前，天然橡胶称霸天下。天然橡胶是从橡胶树中抽取出的一种白色胶汁。这种"三叶橡胶树"最初生长在神秘的亚马孙丛林之中，可高达三十多米，树茎部分富含胶乳，只要小心划开树皮，乳白色的胶汁就会缓缓流出——那就是天然橡胶的制作原料。

>>> 哥伦比亚于 1956 年发行的
以橡胶园为图案的纪念邮票

据说在 1492 年，探险家哥伦布率队踏上美洲大陆后，曾看到印第安人一边唱歌一边互相抛掷这种橡胶制作的名为"卡乌巧乌"的小球。哥伦布将这种橡胶球带回了欧洲，但并未引起人们的重视。

1797 年，苏格兰人查尔斯·麦金托什发现用煤焦油蒸馏得到的石脑油，可将橡胶变成液体形状，他将这种液体橡胶涂在面料上，从而发明了世界上最早的雨衣。麦金托什的发明为橡胶应用迈出了一小步，美国人查尔斯·固特异（Charles Goodyear）发明的橡胶硫化技术，才真正为世界橡胶工业化应用推开了大门。

固特异生于 1800 年 11 月 29 日，24 岁时娶了一位小旅馆主的女儿克拉丽莎·比彻，结婚两年后全家搬至费城，靠与父亲一起开了一家五金店维持生活。夫妻俩一共生下了九个孩子，四个夭折，五个长大成人。

固特异是一个听到"有人在海里淹死的消息就禁不住泪流满面"的人。因此，他曾长期致力于设计和测试各种拯救落水者的方法。1834 年的夏天，他到曼哈顿出差，在一家公司的橱窗里看到一种橡胶充气救生带。他认为气门有缺陷，安全性较差，就重新设计了一种，几天后送给这家公司，希望他们进行改进。

代理商却将他领进了展品储藏室，让他看看里面堆积如山、臭味熏天、因高温而变形的各类橡胶制品。还对他说，老板们急需改善的不只是小小的气门，而是这成堆的橡胶制品一旦遇到高温或雨天就会变软发臭的问题。这次经历，让固特异找到了他一生的研究课题——如何对橡胶进行改性，使它能够抵抗高温。他毅然放弃了所有工作，向亲朋好友借了很多钱，开始专心致志地投入橡胶研究之中。

>>> 查尔斯·固特异

固特异，这个中文翻译的名字很好地诠释了这位发明家固执、特立独行又与众不同的性格。他并没有掌握多么高深的化学知识，只是凭借直觉和执着尝试着把松节油、煤粉和石灰各种各样的物质跟橡胶混合在一起，去观察橡胶的反应，这种撞人运式的研究一次次地一无所获。因偿台

高筑，他被债主告上了法庭而锒铛入狱。最后还是依靠父亲和兄长伸出援手，才把他从牢狱之中解救出来。

在这一段时间里，固特异经历了相当大的磨难，没有人再借钱给他，刚学会走路的儿子不幸夭折，因付不起房租又被房东赶出家门，接着又在实验中因吸入有毒气体而卧病在床一个多月。家人邻居都劝他做点儿正经生意养家糊口，但他不为所动，把家人丢在康涅狄州的塞勒姆，孤身一人在纽约继续探寻橡胶改性的秘密。

也许是上天实在不忍心看着固特异再这样盲目地折腾下去了，开始眷顾这个已经为研究失去了一切的"疯子"。1839年的一天，他不小心把一块混有硫黄的橡胶掉落在火炉里，在火焰的烘烤下，橡胶冒出了刺鼻的浓烟。固特异发现橡胶被烧焦成像皮革一样的物体，他拿起来一摸，橡胶变得更加坚韧，且富有弹性。固特异欣喜若狂，他终于洞悉了橡胶在高温和硫黄的作用下可以改性的秘密。

知识链接

橡胶改性

主要包括化学改性和物理改性。不同类型的胶并用、橡胶与树脂共混、橡胶填充等属于物理改性。化学改性是通过氢化、环化和共聚等方式，在分子链上引入不同的功能基团或链段，通过改变聚合物的结构，得到所需要的橡胶品种。

这种不期而遇的"巧合"只是让他找到了橡胶改性的途径，橡胶与硫黄配比的方法、参数还需要在实验室中进行探索。在接下来的实验中，固特异凭借不撞南墙不回头的劲头终于找到了硫化橡胶的配方，比例是25份橡胶加5份硫黄以及7份白铅。三种物质放在太阳下干燥后，加热到130℃左右，就可以得到性能稳定的硫化橡胶。

固特异改变了橡胶的性质，但没有改变自己的命运。1844年，他申请了美国专利局的专利后，仍然不得不把专利制造和收益的权利转给了他的债权人。另外，由于硫化技术"太容易"掌握，许多橡胶厂都在无偿享用他辛苦换来的成果，而不支付任何费用，他不得不与侵权者进行马拉松式的诉讼。虽然固特异最终取得了胜利，但所得赔偿微乎其微，依然一贫如洗。

1851年5月1日，作为硫化技术的发明人，固特异靠借来的3万美元参加了维多利亚女王主办的展览会。这是他一生中唯一的高光时刻。他的展品从家具到地毯、从梳子到纽扣都是由橡胶制成的，成千上万的人参观了他的作品。他因此被授予国会勋章以及拿破仑三世的英雄荣誉勋章、军团英雄十字勋章。

但是，这风光无限没有给他带来太多的好处，转瞬之间，他的债权人就以得不到应有的收益为由将他告上法庭，他挂着勋章再次进了牢房。

长期艰苦的生活和频繁的牢狱之灾摧毁了他的身体，1860年9月1日，固特异最终带着一身债务离开了世界。终其一生，他都没有享受到与他付出的努力相匹配的回报。但他证明了自己的想法——橡胶，能够改变世界。

>>> 多哥发行的纪念固特异开发硫化橡胶的邮票

充气轮胎的诞生

　　车轮的发明让人类可以走得更远、更快。而最早的轮子实物据说是发现于斯洛文尼亚的卢布尔雅那沼泽轮，距今大约 5250 年。在这种木质和后来金属制的车轮上，人类颠簸了大约五千多年。

　　固特异发明硫化橡胶后，实心橡胶和轮辋组合而成的新式车轮在一定程度上缓解了外界冲击，但车辆在行驶中的颠簸感仍然十分强烈。1845 年

>>> 山东省滕州市鲁班纪念馆木质车轮展品

12 月 10 日，英国伦敦的铁匠罗伯特·威廉·汤姆森在《为改善马车及其他一切车辆的车轮》的专利中，发明了一种充入空气或马毛的中空轮胎，但由于价格昂贵、使用不便，而且极易发生爆胎，因此没有得到推广。

1888 年的北爱尔兰，一个叫乔尼的小男孩儿向自己的父亲说，自己骑自行车时在石板路上颠得实在难受。这句无心的抱怨被疼爱孩子的父亲、兽医约翰·博伊德·邓禄普记在了心上。有一天，他在花园里浇花时，无意踩到了两条浇花用的橡皮水管。他观察到这种管子轻软而有韧性，就想如果把这个水管绑在自行车的车轮上，是不是儿子的屁股就不会被颠疼了呢？于是，他把橡皮管按自行车轮子的大小弯成圆环，将两端用胶粘牢，然后把橡皮管充足水，就这样，一条可以减小颠簸的充水轮胎诞生了。

>>> 苏格兰人汤姆森

邓禄普诊所中的另外一位主治医生叫约翰·费甘（Joho Fagan），他看到充水自行车轮胎后，就建议在轮胎中不充水而充入空气。聪明的邓禄普马上用橡胶做内胎，外面用业麻布包裹，再将其绑仕自行车轮于上，用给足球打气的空气泵给轮胎打气。就这样，世界上第一条充气自行车轮胎问世了。

后来，乔尼还骑着这辆车子参加了一次学校举办的自行车比赛，乔尼一路遥遥领先，轻松获得了冠军。这次比赛给邓禄普做了一次免费广告，不久，一家自行车公司和邓禄普签订了合同，使用他的充气轮胎生产比赛用的自行车，充气轮胎正式进入消费市场。

再后来，邓禄普放弃了兽医职业，于 1889 年在都柏林成立了邓禄普充气轮胎有限公司。1891 年 4 月，他的轮胎公司每星期已经能生产 3000 条充气轮胎，他成了响当当的"充气轮胎之父"。

>>> 世界上第一条充气轮胎发明者邓禄普

邓禄普当时是否直接或间接地了解过罗伯特·威廉·汤姆森的发明专利，已经不得而知，但这不能否定前人的贡献。1891 年，邓禄普接到通知，由于汤姆森于 1845 年已经取得了充气轮胎的专利，他的专利被宣布无效。邓禄普由"充气轮胎发明人"变为"充气轮胎的推广者"。

尽管邓禄普的专利被取消，但这并不耽误邓禄普用充气轮胎技术大赚特赚，他的充气轮胎畅销英伦三岛，邓禄普也成为轮胎业响当当的品牌之一。

引领轮胎加速度的米其林

　　邓禄普轮胎的最大缺点是轮胎与轮盘完全固定，不能随意拆卸。而当时的轮胎寿命很短，需要经常更换。因此，很多发明家开始对充气轮胎进行改进研究，设法将其改成可简易拆卸更换的结构。

　　1889 年，爱德华·米其林在哥哥安德烈的支持下，加入了家族企业米其林公司。1891 年，兄弟二人去英国推销商品时，偶遇一位维修自行车的人，让他们帮忙维护车胎。在一拆一装的过程中，爱德华产生了一项改变未来的设想——生产一种便于修理和拆卸的充气轮胎。

>>> 1895 年 6 月 13 日，
　　世界首届汽车比赛
　　在巴黎举行

　　回国后不久，他们几经试验，便取得了成功，生产出了一种自行车充气轮胎。1892 年，为了向公众宣传可拆卸轮胎的优点，米其林组织了一场从巴黎到克莱蒙的比赛。比赛中骑手们都"偶然"地遭遇了一点小意外——钉子戳破了他们的充气轮胎。他们不得不停下来修理。事实验证了使用可拆卸轮胎的骑手们很快就解决了麻烦，重新返回赛道。

　　在 1894 年至 1895 年举行的三次汽车大赛上，米其林兄弟首次将可拆卸的充气轮胎安装在汽车上，显示出了优越的性能。在 1889 年的巴黎—波尔多—巴黎的比赛上，两兄弟亲自上阵，出色地跑完了全程，在巴黎轰动一时。很多好奇的人甚至把轮胎切开，寻找其中的奥秘。比赛验证了充气轮胎在汽车上的适用性，同时也把第一条汽车轮胎的诞生写进了历史。

>>> 米其林参赛车辆的一幅宣传画

在米其林之后，橡胶轮胎仍然快速地进步着。早期的汽车轮胎都是平纹帆布制成的单管式无花纹轮胎。1908 年之后，轮胎胎面开始有了花纹，轮胎胎体先后用上了棉帘布、人造丝、尼龙和钢丝帘线。但是，让轮胎发生了质的变化的应当是炭黑的加入。

>>> 据说这是参赛车辆图

>>> 米其林广告

早期轮胎橡胶的补强剂主要为氧化锌和陶土一类白色填料。1904 年，美国人 S.C. 马特偶然发现炭黑对橡胶有极好的补强作用，并于 1912 年开始用其取代氧化锌，使轮胎耐磨性几乎提高 5 倍以上，质量也仅为以前的 1/3～1/2。

随着汽车工业的发展，轮胎技术一直不断地改进与提高。如 20 世纪 20 年代初至 30 年代中期，轿车轮胎由低压轮胎过渡到超低压轮胎；40 年代开始轮胎逐步向宽轮辋过渡；40 年代末无内胎轮胎出现；50 年代末低断面轮胎问世等。

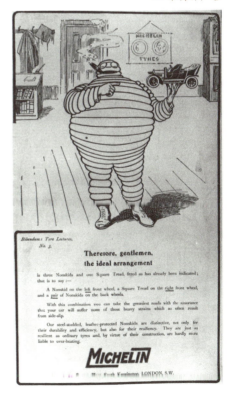

>>> 1907 年参加北京至巴黎汽车拉力赛的汽车

知识链接

炭黑

　　即中国古代的松烟、烟炱，是一种用途广泛的化工原料，其主要用途是橡胶补强、着色等。炭黑分为硬质和软质两种，硬质炭黑补强作用强大，主要用于外胎；软质炭黑主要用于轮胎内胎和各种橡胶制品。

　　1948 年，法国米其林公司首创了子午线结构轮胎。子午线轮胎的胎帘线与传统的斜交轮胎交叉排列不同，胎帘线与外胎断面接近平行，类似于地球子午线，因此得名。这种结构显著提高了轮胎使用寿命和性能，节省了大量燃料，被誉为轮胎工业的革命。

子午线轮胎一经面世，就很快占据整个市场，被几乎所有类型的汽车使用。经过 60 年的发展，目前子午线轮胎在世界范围内已是轮胎工业的主流产品，世界轮胎子午化率达 90%，发达国家已达到或接近 100%。

合成橡胶与轮胎喜结连理

20 世纪 40 年代前，天然橡胶一直是轮胎用橡胶的主导材料。但天然橡胶生产受气候、地域等条件限制，产量极为有限，无法满足快速发展的交通业对轮胎的需求。尤其在第一次和第二次世界大战期间，被称为"世界四大战略物资"的橡胶，作为军需资源成为各交战国抢夺的主要对象。为了弥补天然橡胶资源的不足，欧美发达国家开始聚集力量重点开展合成橡胶研究。

合成橡胶是以石油、煤炭等为初始原料，通过多种化学方法，先制取合成橡胶的基本原料，再经过聚合反应以及凝聚、脱水、干燥、成型等工序，制得具有弹性的高分子聚合物。1826 年，英国化学家 M. 法拉第等人，用化学法分析确定了天然橡胶的主要成分为可以人工合成的异戊二烯，这为人工合成橡胶奠定了理论基础。

合成橡胶的研究最初是为了在战争中拥有更强的装备。19 世纪末 20 世纪初，欧洲列强疯狂扩充军备，各国加快了对合成橡胶制造技术的研究。德国没有天然橡胶资源，为了在战争中使自己的战车更加快速地在战场上奔驰，决定利用合成化学工业发达的优势，率先开始研究"人造"橡胶，力图实现"弯道超车"。

1906 年，德国拜耳公司前身——弗里德里希·拜耳染料厂发出了一个悬赏令：如果有人能够在 1909 年 11 月 1 日之前，成功"研制出制造橡胶或橡胶替代品的方法"，公司将奖励发明者两万马克。

在当时，两万马克可是一笔巨款。重赏之下，1909 年，德国化学家弗里茨·霍夫曼等人将 30 克异戊二烯在 200℃温度下加热 8 天，从而合成了甲基橡胶，它的发现标志着世界第一块合成橡胶的诞生，霍夫曼也被后人誉为"合成橡胶的先驱者"。

多年以后，创始于 1871 年的德国马牌（大陆）公司在自己网站的宣传资料上声称，1909 年，"大陆集团将拜耳实验室所研发的合成橡胶样品成功进行硫化处理，并加工成为第一批测试轮胎"。如果属实的话，这款轮胎应当是世界上第一个合成橡胶轮胎。据说当时的德国皇帝威廉二世为自己的轿车配上了这种新轮胎，行驶中他发电报称自己"非常愉快"。但是这种合成橡胶生产成本高昂，稳固性较差，并没有马上得到商业推广。

苏联也极力想从合成橡胶方面打开缺口。1927 年，化学家列别捷夫提出了一种方法，用金属钠作催化剂，以丁二烯为原料合成出了丁钠橡胶，后来又陆续开发出了丁钾橡胶和丁锂橡胶，帮助苏联成为当时世界上最大的合成橡胶生产国。但这些橡胶强度较差，无法制作各种车辆的轮胎，并没有在战争中得到应用。

1929 年，德国化学家在丁钠橡胶中添加了一种重要物质，成功制取了丁苯橡胶。丁苯橡胶是丁二烯和苯乙烯的共聚物，性质与天然橡胶极其相似，很快就应用于汽车胎面的生产。在第二次世界大战期间，德国军队就是因为有了丁苯橡胶，才没有陷入橡胶供应中断的境地。在合成橡胶中，丁苯橡胶是产量和消费量最大的胶种，目前约占天然橡胶和合成橡胶总量的 55%。

··· 知识链接

丁钠橡胶、丁锂橡胶和丁钾橡胶

丁钠橡胶以金属钠为引发剂，由 1,3- 丁二烯气相或液相聚合制得。丁锂橡胶由 1,3- 丁二烯在金属锂催化下经气相聚合而成。丁钾橡胶又称丁二烯钾橡胶，除具有较低的可塑度和较高的物理机械性外，其他性能和用途都与丁钠橡胶相似。

1943 年，美国开始试生产丁基橡胶。丁基橡胶是一种气密性很好的合成橡胶，适于制作车轮内胎，其强度比丁苯橡胶高 10 倍，制成的汽车轮胎行驶里程达 10 万千米。1955 年，美国人利用齐格勒在聚合乙烯时使用的催化剂（也称齐格勒－纳塔催化剂）聚合异戊二烯，首次用人工方法合成了结构与天然橡胶基本一样的合成天然橡胶。此时合成橡胶的总产量已经超过了天然橡胶。

20 世纪 60 年代，具有耐磨性强和耐低温性能好等优点的更适合于轮胎生产的顺丁橡胶出现了，成为仅次于丁苯橡胶的世界第二大通用合成橡胶。中国在顺丁橡胶的研制上走在了前面。1966 年初，石油工业部、化学工业部和中国科学院组织顺丁橡胶会战，在石油六厂（锦州石化前身）正式建成了以液化气为原料，包括单体制造、催化剂制造及聚合后处理等体系完整的工业试验装置。1974 年，石油六厂建成了年产 6000 吨顺丁橡胶的成套设备，为中国合成橡胶工业的发展作出了积极贡献。1985 年，这项成果获得国家科学技术进步奖特等奖。

>>> 纪念齐格勒的邮票

●●●●知识链接●●●●

顺丁橡胶

顺式 1,3-聚丁二烯橡胶的简称。工业生产顺丁橡胶均采用溶液聚合的方法，原材料主要有单体丁二烯和溶剂。顺丁橡胶与天然橡胶和丁苯橡胶相比，具有弹性高、耐磨性好、耐寒性好、生热低、耐曲挠性和动态性能好等特点，适合作轮胎的胎侧胶。

20 世纪 70 年代后期，合成橡胶已成为制造各种轮胎和制品的主要原料。1980 年，世界橡胶产量稳定在 800 万吨左右，约为天然橡胶产量的两倍。一个年产万吨的橡胶厂相当于 20 平方千米的橡胶种植园。目前，全世界所用橡胶 70% 以上是合成橡胶，不仅大大弥补了天然橡胶的不足，也节约了大量土地。

"大中华"与邓禄普的司法博弈

1935 年，上海滩发生了一桩诉讼案，这场官司从上海打到南京再到重庆，持续 6 年之久，引起世人广泛瞩目。这就是轰动一时的英国邓禄普公司诉大中华橡胶厂案。

邓禄普向中国商标局提出诉状称，大中华橡胶厂的"双钱"牌轮胎的金钱形花纹仿冒邓禄普的"老头"牌轮胎的梅花形花纹，要求判令大中华橡胶厂毁模、停产、停销、撤回已上市的全部轮胎。不分是非的民国政府商标局竟然无视大中华橡胶厂的正当经营行为判令邓禄普公司胜诉。

不服输的大中华橡胶厂转而向民国政府实业部提出申诉，指出轮胎花纹不属于商标范围，更不是消费者购买时识别的标志；轮胎花纹为滚动行驶和防滑而设，普遍以几何图形为图案，外商不能以相似为理由加以垄断。

在事实和法理面前，实业部驳回了邓禄普的诉求。邓禄普转而向行政法院上告，崇洋媚外的行政法院撤销了实业部的裁定，再次判定大中华橡胶厂败诉。被逼无奈，大中华橡胶厂只得将轮胎改成工字形花纹。但邓禄普依旧不依不饶，大中华橡胶厂又将花纹改为长城形，邓禄普还是不肯罢休，一副置大中华橡胶厂于死地的垄断嘴脸暴露无遗。

这场官司引起国内舆论大哗。那么邓禄普为什么超出正常竞争的范围，针对一家中国橡胶厂如此无理地死缠烂打？

20 世纪初，我国民族橡胶工业几乎一片空白。1933 年，旅日侨商余

芝卿在鸿茂祥商行经理薛福基提议下，决定开办橡胶厂。他们对国内橡胶市场进行细致的调研后，花费昂贵费用向日本中田铁工厂洽谈购买了汽车轮胎的生产设备。

汽车轮胎属于战略物资，为了慎重起见，设备制成后没有马上运回中国，而是安装在日本境内的一家工厂内，并派出会讲日语的黄亚民等工人学习轮胎生产技术。此事很快被日本记者获悉，并披露到报端，指责该工厂向中国输出轮胎制造技术。消息传到上海，经理薛福基星夜赶赴日本，抢在日本政府下达限令前将机器设备拆运回国，建起了"大中华橡胶厂"。

1934年，橡胶厂生产出"双钱"牌橡胶鞋和热水袋等产品。但薛福基并不满足于此，鉴于国内公路建设的推进、汽车运输的发展，薛福基向企业股东会提出了开发橡胶轮胎的发展思路，他认为轮胎才是"橡胶制品中唯一永久性之事业"。

>>> 20世纪40年代初，大中华橡胶厂对外发布的"双钱"牌橡胶制品广告资料

1934 年 10 月，大中华橡胶厂在薛福基等人直接领导下，生产出第一批国产优质的"双钱"牌汽车轮胎，填补了国产轮胎的空白，价格仅为洋货轮胎的 2/3。消息传出后，英国、法国、美国和德国等世界轮胎制造大国纷纷为之震惊。两年后，大中华橡胶厂再创奇迹，为笕桥空军学校研制出中国第一架飞机用轮胎，成功突破外国厂商对中国轮胎市场的垄断。

>>> 20 世纪 30 年代，"双钱"牌轮胎产品广告资料（引自《百年上海民族工业品牌》）

大中华橡胶厂轮胎生产取得成功，引起了英国邓禄普等公司的嫉恨，便将中国市场的人力车胎由每副 15 元降价为 8 元，企图通过价格战击垮双钱牌轮胎。薛福基不畏强手，在压降成本、提升质量的同时，把产品保用期延长 2 个月，并实行分期付款和放账赊销，在市场上持续为生存而与外商进行肉搏战。于是，恼羞成怒的邓禄普公司采取了诉讼手段进行威逼利诱，一场旷日持久的诉讼案拉开序幕。

>>> 大中华橡胶厂使用的"双钱"牌汽车内胎产品商标图样资料

尽管官司得到不公正判决，薛福基始终没有放弃发展民族橡胶工业的信念。不久之后，"七七事变"爆发，橡胶厂被迫停止生产，满腔爱国热情的薛福基开始组织员工进行军事训练，研制防毒面具，支援抗战。其间还亲自动手编写关于轮胎性能及其使用方法的讲义，为辎重兵学校的学员讲课。1937年8月14日，就在日军进攻淞沪的第二天，薛福基乘车从公司总部去工厂，外滩上空发生激烈空战，薛福基在车中被弹片击中头部，经抢救无效于8月31日逝世，时年44岁。

>>> 20 世纪 40 年代初，大中华橡胶厂"双钱"牌橡胶制品广告资料

日寇大规模侵华后，中国民族橡胶业损失惨重，全国200余家橡胶制品厂大半处于停产、半停产状态。但令人感到欣慰的是，大中华橡胶厂并没有因各种磨难而垮掉，一直坚持到了新中国成立之后，在新世界里迅速复产，为抗美援朝前线生产出了"双钱"牌军用棉胶鞋等国家急用物资。

此后，新中国的大中华橡胶厂不断创造佳绩，1958年，生产出国内第一条"双钱"牌人造丝轮胎；1962年，生产出中国第一条"双钱"牌尼龙丝轮胎；1964年，生产出中国第一条"双钱"牌钢丝子午线轮胎；20世纪80年代，生产出"双钱"牌全钢子午线汽车轮胎，建成中国最大的轿车子午线轮胎生产线，产品出口到世界许多国家，实现了该厂创办人余芝卿先生早年提出的中国橡胶轮胎产品要走出国门、走向世界的宏伟愿望。

塑料成家

塑料让生活更加便捷和美好

　　在现代社会，不管是出入于大宅门第，还是庇荫在陋巷蜗居，塑料都是必不可少的家居用品制造材料之一。吃穿住行学玩，对于绝大多数人来说，也许用多，也许用少，但一定必不可少。在科技力量的支撑下，这种可以随心所欲地塑造成各种形态、各种颜色的材料，在一百年来的时间，悄然地改变着人们的生活方式。但因为塑料带来了一定程度的污染问题，让人们爱在心头口难开。不过，塑料问题的核心不是能不能用，而是如何去用，因为造成污染的不是塑料本身，而是人类使用塑料的方式！

Petroleum

赛璐珞台球的夜半"枪声"

2007 年 5 月 22 日，伦敦科学博物馆为纪念塑料问世百年举办了名为"可塑性"的展览。400 件经典塑料制品中，有 1938 年用酚醛塑料制成的棺材，有 20 世纪 60 年代的雨衣和太空风格的"未来住房"，还有聚氨酯制成的可降解的汽车。科学博物馆馆长苏珊·莫斯曼说："塑料的故事是过去百年材料世界的核心线索之一。有了塑料，才有消费革命，收音机、电视机、计算机、一次性用具才得以大量生产。"

包括英国科学博物馆在内，公认的塑料发明人是美籍比利时人列奥·亨德里克·贝克兰。他于 1907 年 7 月 14 日注册了酚醛树脂的专利，开启了世界塑料工业的新纪元。但少有人知的是，在他之前还有两个人制造出了两种类似塑料的产品。但阴差阳错，多种原因导致他们没有成为塑料业的祖师爷。

>>> 亚历山大·帕克斯是一名摄影师

第一个人是瑞士巴塞尔的摄影师塞恩伯，他在制造摄影胶片时偶然制作出了硝酸纤维素酯，它是一种具有一定可塑性的类似塑料的材料。第二个是化学家亚历山大·帕克斯，他在塞恩伯的基础上，制作出了一种热塑性的类塑料材料"帕克辛"。这两种类似塑料的物质虽然都具有较好的可塑性，而且防水性能特别好，能够制成杯碗、梳子、纽扣之类的东西，但制作成本较高，而且也不太结实，实用价值大打折扣，不久这项发明就自生自灭了。

与硝酸纤维素酯和"帕克辛"相比，无论是应用价值还是后来对塑料工业的影响力，约翰·卫斯理·海亚特发明的"赛璐珞"都有过之而无不及。

19世纪中后期，台球风靡欧美上层社会。制作台球的材料主要是象牙。当时，每年至少有100万磅的象牙被台球爱好者打进了无底洞。由于担心将来无象牙可用，《泰晤士报》

>>> 约翰·卫斯理·海亚特

等媒体呼吁发明一种新材料替代象牙。这种呼吁得到了响应，1863年，一位纽约台球供应商在报纸上刊登了一则广告，宣称谁能够制作出象牙的替代材料，就奖励他价值1万美元的黄金。

海亚特是美国纽约州北部一家印刷厂的印刷工。看了广告之后，下决心要拿到这笔奖金。他没有学过多少化学知识，但他有发明的天赋，23岁时发明了一种磨刀器并获得过专利。他在家中的院子里搭建了一间实验室，找来了硝酸、棉花等材料，开始了发明之旅。

在19世纪出现的专利中，有很多采用木屑、橡胶、黏胶，甚至血液和奶蛋白等材料进行组合式发明，其宗旨就是制造出与后来出现的塑料性质相同的材料，这些材料可以统称为塑料的雏形。海亚特采用的硝酸、棉花的混合物是易燃物品，极易引发爆炸，很少有人在实验中使用。富贵险中求，海亚特选择了这条颇有风险的研制路线。

经过多年的研究，走了很多弯路，做了无数次实验，1869年，海亚特终于以棉花中的纤维素为主要原料，生产出一种白色的能够制成像牛角一样坚硬的有延展性的物质。它不吸水、不吸油，可以切割成各种形态。海亚特的一位朋友将其命名为"赛璐珞"，意为"像纤维素"一样的物质。

赛璐珞问世后，被制成了台球、乒乓球和梳子等运动和日用物品。海亚特已经不屑于领取那笔奖金，这项发明让他获得了更大的财富。但想不到的是，赛璐珞最终并没有成为很理想的替代象牙的材料。它在制成台球时，由于缺乏象牙的弹跳力和复原力，在球台上互相撞击时会发出枪击般的爆裂声，常常引来警察们的干涉；用它制成的乒乓球更是难以接受，因为这种材料燃点较低，常常会在击打时发生自燃。

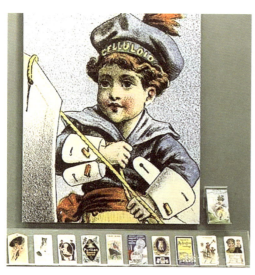

>>> 赛璐珞广告

最终，一段时间的热闹过后，赛璐珞只是在日用品上得到了广泛的应用，例如加入木屑后形成的电木，就具有良好的绝缘性，常用于制造开关、灯头、耳机、电话机壳、仪表壳等。赛璐珞虽然应用范围较广，但实践证明它存在很多隐患。在这种情况下，贝克兰发明的世界上第一种真正意义上的酚醛塑料正式登场了。

猫咪成全的"炼金术"

1863 年，贝克兰出生于比利时的港口城市根特。家境虽然贫寒，但贝克兰十分优秀，他 21 岁时获得了博士学位，24 岁时成为大学里的物理、化学双料教授。26 岁时，他娶了漂亮的老婆后，就到美国去度假。他觉得美国科学研究的氛围不错，就留在了那里。

为了在美国生活得更好一些，贝克兰勤奋工作，搞了很多项发明。其中一项是 35 岁时发明的一种高光敏性照相纸，可以在灯泡下而不是必须在阳光下才能显影。这种相纸一面世，就显现出了强大的竞争力，一下子让当时以卖照相器材为生的柯达公司的生意急转直下。

迫于无奈，柯达公司找到了他，经过讨价还价，最终以 85 万美元的价格购买了这种相纸的专利。85 万美元在当时是一笔常人难以想象的巨款，让贝克兰实现了人生的第一个小目标。贝克兰买下了纽约附近扬克斯的一座俯瞰哈德逊河的豪宅，将谷仓改成设备齐全的私人实验室，还与人合作在布鲁克林建起试验工厂，开始进行让他名垂青史的酚醛塑料的发明。

>>> 贝克兰用来合成酚醛塑料的实验装置

贝克兰合成酚醛树脂的主要原料为苯酚和甲醛。19世纪末20世纪初，采用苯酚和甲醛研究新材料并不是独家秘方，在化学界多人都进行过尝试。德国化学家阿道夫·冯·拜耳（A.Baeyer）第一次使用苯酚和甲醛制造了一种人造树脂，开辟了一条通向合成树脂的道路。此后，欧美的克莱堡（W.Kleeberg）、史密斯（A.Smith）、布卢默（L.Blumer）和卢格特（A.Lugt）等人，都进行了甲醛和苯酚的合成研究，并制得多种合成树脂。遗憾的是，他们采用的都是低温成型法，导致他们发明的酚醛树脂容易碎裂，无法得到商业化应用。

>>> 拜耳因杰出的化学成就获得了1905年诺贝尔化学奖

19世纪末20世纪初，由于电力工业的发展，绝缘材料市场十分活跃。当时生产绝缘产品的主要材料来源是一种雌性甲壳虫分泌的黏液制成的天然虫胶，每提炼1千克大约需要1.5万只甲壳虫分泌一年，可见这种绝缘材料来之不易。正是在这种情况下，贝克兰才执着地投身于这项研究之中。贝克兰进行酚醛塑料的研究，和卢格特等人一样，也是想制造出一种能够代替虫胶的材料。

研究目的相同，但思路却大不一样。1905—1907年，贝克兰对已有的研究成果进行了系统而广泛的梳理，确定了布卢默等人采取的苯酚与甲醛合成路线的可行性，同时也发现了低温成型的弊端：虽然解决了材料出现气泡等问题，但固化出的树脂太脆，多数场合无法使用，而且生产周期太长。

贝克兰琢磨来琢磨去，得出的结论是：像赛璐珞通过添加木屑可以增大强度一样，甲醛和苯酚合成的树脂也可以通过加入木粉或其他填料达到这个目的。更有划时代意义的是，贝克兰不再采用低温成型方法，而是独创了一种密闭模具，在高温高压的条件下，不仅可以减少气体的释放，克服气泡产生等问题，还可以大幅缩短生产周期。

贝克兰的实验进行了好多年，仍然没有得到他想要的材料。85万美元的"小目标"也被他消耗得几近于无。就在他山穷水尽、一筹莫展之际，上天为他打开了另外一扇门。由于资金越来越少，他的实验室因缺少整修而变得破烂不堪，成为老鼠们经常聚会的场所。贝克兰就把从朋友那儿借来的一只猫放到实验室里，想让它帮忙抓一抓老鼠。这一天，淘气的猫蹿上了实验桌，把实验瓶子碰倒了，实验液体正好浇在了一块奶酪上。贝克兰发现奶酪居然变得像鹅卵石一般光滑而坚硬。见此情景，贝克兰茅塞顿开，思路一下清晰起来。他在混有苯酚和甲醛的溶剂中加入几种碱性物之后，又进行了多次实验，最终合成了一种特殊物质，这就是世界上第一种真正意义的酚醛塑料。1907年7月14日，他将自己的"加压、加热"固化实验申请了专利。

>>> 列奥亨德里·贝克兰

知识链接

酚醛塑料

　　酚类和醛类化合物在酸性或碱性催化剂作用下，经缩聚反应可制得酚醛树脂。将酚醛树脂和锯木粉、滑石粉、颜料等充分混合，经混炼后即得电木粉。将电木粉在模具中加热压制成型后可得到热固性酚醛塑料制品。

　　贝克兰发明的新型酚醛塑料，可以随心所欲地做成各种形状；色彩鲜艳，重量轻，坚固不怕摔，经济耐用。它不但可以制造多种电绝缘品，还能制造日用品。人们把贝克兰的发明誉为 20 世纪的"炼金术"，贝克兰本人也因为这项意义深远的发明被称为"现代塑料工业的奠基人"。

　　在欧洲的工业革命时代，猫咪之类的各种"碰巧"发明故事层出不穷，被记录在大量的励志书籍中。事过多年，现在已经无法判断其真实与否。西方人常常把辛苦科研的成果归结到一些偶然事件中，确实是一个谜。

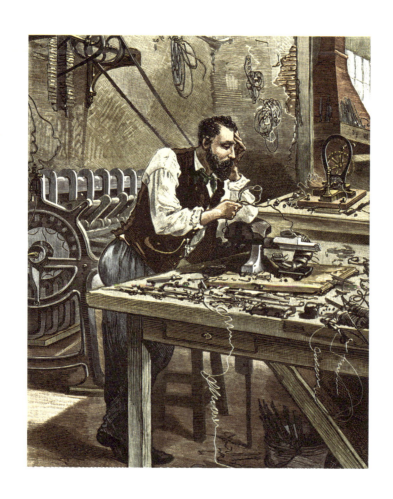

日新月异的塑料发明史

自从贝克兰发明了酚醛塑料之后，各种塑料不断地被研制出来，尤其是进入 1920 年以后，世界塑料工业迅速发展，主要原因之一是理论方面的进步。德国化学家 H. 施陶丁格（Hermann Staudinger）提出的高分子理论、美国化学家华莱士·卡罗泽斯（Wallace H. Carothers）提出的聚合理论，指导了高分子化学和塑料工业的发展。另外，化学工业的进步，也为塑料研发提供了多种聚合单体。这些因素推动了合成树脂制备技术水平的提高，形形色色的塑料开始粉墨登场。

20 世纪 20 年代，化学工业较为发达的德国迫切希望摆脱大量依赖天然原料的局面，满足军工等多方面的需求。1928 年，迪尔斯和助手阿尔德发明了双烯合成反应，即"迪尔斯－阿尔德"反应，使得聚乙烯、聚氯乙烯工业的发展找到了前行的路径。如今，这种方法仍然是现代有机化学中最重要、最简便的合成方法之一。1930 年，德国法本公司采用本体聚合法，以苯乙烯为原料，与其他单体共聚生产出了苯乙烯系树脂。

：：：：知识链接

本体聚合法

将单体在引发剂或热、光、辐射的作用下，不加其他介质进行的聚合过程。特点是产品纯净，不需复杂的分离、提纯，操作较简单，生产设备利用率高。缺点是物料黏度随着聚合反应的进行而不断增加，混合和传热困难，反应器温度不易控制。

其他国家的塑料研制也在如火如荼地推进。1926年，美国W.L.西蒙把聚氯乙烯粉料在加热下溶于高沸点溶剂中，冷却后得到柔软、易于加工且富有弹性的增塑聚氯乙烯。这一发现打开了聚氯乙烯工业化生产的大门。1928年，在催化剂作用下，英国氰氨公司采用尿素与甲醛为原料，生产出无色的树脂——脲醛树脂。1931年，美国罗姆－哈斯公司生产出了聚甲基丙烯酸甲酯，从而制造出有机玻璃。1933年，英国帝国化学工业公司在进行乙烯与苯甲醛高压下反应的试验时，发明了聚乙烯。从20世纪40年代中期之后，又陆续有氟树脂、有机硅树脂、环氧树脂、聚氨酯等可以生产塑料的树脂投入了工业化生产。

20世纪70年代至今，又出现了多种热固性和热塑性树脂，如聚酰亚胺、ABS（丙烯腈－丁二烯－苯乙烯共聚物）等多种塑料产品。此时，塑料的应用范围进一步扩大，从牙刷、梳子、窗帘到各种玩具、家具和学习用品，从碗、筷、水杯到塑料门窗、保温墙体，从电视、冰箱、洗衣机等家电到手机、电脑等各类电子产品，塑料正以当仁不让的姿态，昂首迈入无所不在、无所不能的时代。

>>> 科学家正在观察
一种固化的塑料
树脂

生产塑料的原料也在发生变化。20 世纪 40 年代以前，石油和天然气还不是很常见，合成各种化学材料时主要以生产焦炭的副产品——煤焦油为原料进行。煤炭经高温精炼"焦炭"过程中，会产生一种黏性的黑色液体——"煤焦油"。如果把这种液体随意排放到河流中，会造成非常严重的公害。人们为了能够有效利用煤焦油进行了大量研究，并用它制出了药品、人工染料和苯酚、甲醛等物质，从而为塑料生产提供了原料。

第二次世界大战期间，石油工业在美国兴起。这种更充足而更易加工的液体黑金，最终替代煤炭成为主要的化学原料，在新材料领域创造了不可忽视的经济价值。

塑料袋装不下的是与非

2014 年 6 月的一天，英国探险家大卫·德·罗斯柴尔德进行了一次海上航行，他驾驶一艘由 12000 只废弃塑料瓶捆绑而成的 18 米长的"普拉斯提基"号帆船，横渡太平洋，全程超过 1.7 万千米。这次航行不仅展示了航行者征服自然的能力，也提出来一个令人思考的问题：废旧塑料使用不当，就会影响环境，人类应当怎么办？

在人类使用的塑料产品中，最先站出来回答这个问题的一定是塑料袋。因为在塑料用品的发明中，采用通用塑料聚乙烯制作的塑料袋，是使用量最大、与人类生活最为密切的塑料产品，而且遍地的塑料垃圾中，塑料袋占比也最高。

聚乙烯是制作塑料袋的最大原料。聚乙烯的合成是一次无心插柳之举。1933 年 3 月 24 日，英国帝国化学工业公司的两个化学家一起建立了十几个实验流程。他们将多种有机物质进行排列组合后，分别放在不同的容器里，并设定了高温高压等各种反应条件，希望合成一种理想的材料。他们的运气很好，在一个装有乙烯气体和苯甲醛的容器里，合成出了一种白色蜡状粉末，这就是聚乙烯。

聚乙烯在第二次世界大战中发挥了重大作用。它的特性与玻璃不一样，雷达波能够从中穿过，用它建造为雷达站遮风挡雨的房屋，使雷达在阴雨和浓雾气候条件下仍然能捕捉敌方飞机的踪影。英国空军依靠雷达的引导，以少胜多，战胜了强大的德国空军，赢得了英伦三岛保卫战的胜利。第二次世界大战结束后，军方的需求减少，聚乙烯的应用开始转向民用市场，开发出的产品多种多样，最为人所熟知的就是塑料袋。

现代意义的塑料袋的发明者是斯登·图林。1962 年，他采用了一种与传统纸袋不同的思路，设计出了一种巧妙的折叠和结合系统，使得易碎的桶装聚乙烯薄膜能变为强壮、结实的袋子。在 1962 年申请专利的图纸上，这个袋子看起来像无袖的圆领 T 恤衫，业内的很多人称之为"T 恤衫袋"。这种袋子因具有防水、耐用、羽毛般轻巧、可以装下超过本身质量千倍的物品等优点，而受到零售商的欢迎。

之所以说斯登·图林是现代意义塑料袋的发明者，是因为不少媒体记载在他之前的赛璐珞时代，还有一个人发明了塑料袋。1902 年，奥地利科学家马克斯·舒施尼（Max Schuschny）在赛璐珞材料的基础上，发明了一种制作简单、使用方便的塑料提袋。这种袋子有两个提手和一个坚实的底衬，使用较为方便。产品开发出来后，舒施尼对老板说，可以进行试销，看看产品的效果，但是一定要等到我找到这种袋子的降解办法后，才能大规模生产。老板当即答应他的要求。哪知道商品在商场试用之后大受欢迎，老板就背弃了承诺，开始向市场大量投放塑料袋。无计可施的舒施尼只得埋头进行塑料袋降解方法研究，但最终他没有成功，于 1921 年在

实验室负疚自杀。

被塑造成为塑料科学殉道者形象的舒施尼，广泛地出现于中外网络和电视节目中。故事的真伪令人存疑，因为在塑料工业还没有正式开始的1902年，赛璐珞或是醋酸纤维这些"塑料"十分脆弱，要想制造出薄如蝉翼的塑料袋难度极大，只能通过增加厚度来增强其柔韧性。这样制作出来的袋子会十分笨重，成本也会极高，能够大规模地生产并推向市场，几乎是不可能的。

塑料袋也好，塑料制品也罢，在给人们提供生活便利的同时，也因人类无节制地使用引发了环境污染问题。2002年，塑料袋被英国《卫报》评为"人类最糟糕的发明"之一。从20世纪的"炼金术"到成为目前最糟糕的发明，需要检讨的并非塑料，而是使用塑料的人类。

一切美好的发明成果都要应用适度，否则就有可能走向发明的反面。当初图林发明塑料袋的初衷是看到人们大量地使用纸袋，不仅消耗了很多森林资源，也造成了一定程度的环境污染，因此才将塑料袋奉献给了社会。他不会想到，这种发明会因过度使用而被定义为环境破坏者。

为了应对塑料污染，各国政府相继出台了针对塑料袋的禁塑令。"绿色生活从远离塑料开始"之类的口号开始四处流行。但是，经过多年限塑之后，人们发现塑料提供的便利已经没有任何材料可以替代。如何更加科学地使用塑料成为当今社会对待塑料工业的积极观点。

2022年4月发布的《中国塑料污染治理理念与实践》指出，塑料本身不是污染物，塑料污染的本质是塑料废弃物管理不善造成的环境影响。在可预见的未来，塑料仍将长期使用和存在，探索塑料使用和生态环境相协调的可持续发展道路是应对塑料污染的重要内容。

加强塑料回收是最有效的办法之一，也是对以前过度使用塑料制品的最好补偿。在这方面，中国付出了巨大的努力。2010—2020 年 10 年间，中国完成废塑料回收利用 1.7 亿吨，相当于累计减少了 5.1 亿吨原油消耗和 6120 万吨二氧化碳排放，废塑料材料化利用量占同期全球总量的 45%。

此外，科学界也在进行更加有效的努力，先后进行了多种方式的塑料回收技术、生物基塑料技术和可降解塑料生产技术的研究，虽然并未达到理想效果，但都显示出了较好的应用前景。

>>> 塑料袋

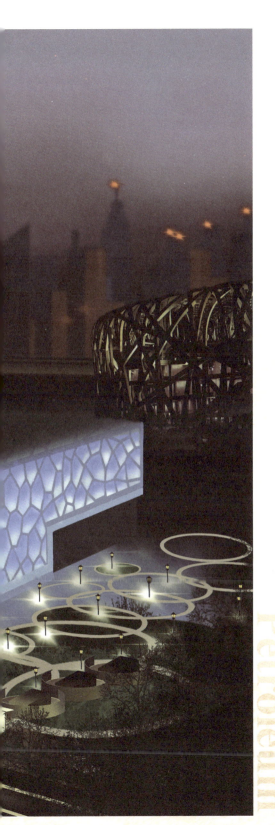

膜法建筑

膜结构系列代表作和"水立方"

　　古今中外的建筑风格都具有鲜明的时代特征。自20世纪70年代以来，膜结构已逐渐应用于体育建筑、商场、展览中心、交通服务设施等大跨度建筑中。膜结构已成为结构设计选型中的一个主要方案。少有人知的是，膜结构建筑离不开石化产品的加持。目前，这种建筑选用的各种膜材料，均是以聚四氟乙烯等聚合物材料为主，这些塑料和空气完美地结合在一起，构筑出美轮美奂的膜法世界。

扒一扒那些"膜法"制造者

在现代石化工业成就的膜结构建筑出现之前，膜结构就以多种形式存在，如雨伞、帐篷、热气球等，正是这些古老而实用的膜结构形态，启发了后来的建筑学家开启膜结构建筑的新尝试。

膜结构建筑的兴起，是很多科学家长期探索的结果，并得力于多种理论技术的飞速发展。充气式结构理论就是其中的重要一环，为膜结构建筑的发展起到了重要的支撑作用。20 世纪上半叶，设计师们开始畅想将气体作为一种建筑材料应用于建筑中。1917 年，英国人威廉·兰彻斯特（W. Lanchester）首次将充气式结构引入战地医院的设计方案中。他放弃了传统梁柱组成的传统房屋结构，提出了采用纤维织物为表皮，制作成封闭式的帐篷，内部用电力鼓风机吹入气体，从而支撑起足够生活起居的空间。

知识链接

膜结构

膜结构是 20 世纪中期发展起来的一种新型建筑结构形式，是由多种高强薄材料及加强构件（钢架、钢柱和钢索）通过一定方式使其内部产生一定预张应力以形成一种作为覆盖结构的空间形状，并能承受外荷载作用的一种空间结构形式。

兰彻斯特信心满满地申请了这种技术的设计专利。但遗憾的是，由于出入帐篷比较烦琐等原因，这种产品并没有真正得到应用。但他提出的充气式结构理论，在后来的膜结构建筑中得到了大范围的应用。不过，更多的是应用于膜材料之间，而不是建筑的空间之内。

美国南伊利诺伊大学教授巴克敏斯特·富勒（Budkninster Fuller）是对这种建筑理论贡献最大的科学家之一。这个未完成正规教育的美国人，却拥有建筑家、未来学家、工业设计师、数学家等诸多头衔和 27 项专利，还曾获得美国建筑师协会奖、英国皇家建筑师协会奖和诺贝尔和平奖。这位牛人提出的"少费多用"的思想，对后来的膜结构建筑起到了极大的影响。其思想核心就是在建设过程中，要充分发挥材料自身特性，追求着用最少且轻的物质材料，建造尽可能大的建筑空间。

富勒在早期关于轻型住宅的研究中，他提出大众化住宅不仅重量要轻，且形式要新颖，观感要令人愉悦，如同伊甸园一般。他设想的住宅以张拉结构为主，构件均由轻质材料预制而成。它迥异于传统的砖石、木材和金属结构，而是以性能优良的柔软织物为主要材料构成膜状屋顶及屋面。然后，或在膜内注入空气或利用柔性钢索或采用刚性支承结构支承

>>> 正在讲课的富勒

张拉结构

根据富勒的思想，张拉整体结构可定义为一组不连续的受压构件与一套连续的受拉单元组成的自支撑、自应力空间网格结构。这种结构的刚度由受拉和受压单元之间的平衡预应力提供，在施加预应力筋前，结构几乎没有刚度，并且初始预应力的大小对结构的外形和结构的刚度起着决定性作用。张拉整体结构最大限度地利用了材料和截面的特性，可以用尽量少的建材建造超大跨度建筑。

>>> 富勒的气压网格穹顶模型由纤维织物组成的双层墙体构成

膜面，形成具有一定刚度、能够覆盖较大空间的建筑结构。1929 年，富勒总结了自己多年对膜结构的思考，提出了"Dymaxion House"这一生态设计方案。其中，Dymaxion（以最少结构提供最大强度）一词，由 dynamic（动力）和 maximam（最大化）两个词拼合而成。

美国人安妮特·勒古耶编写的《ETFE 的技术与设计》一书中，对他提出的一种可以大规模生产的单身家庭住宅进行了介绍："整栋房子靠硬质铝管在中间作为支撑，管内注有高压气体，以钢琴弦构成多个张拉三角形，如同战舰上的桅杆。同理，张拉在三角形支撑的钢索之间的地板由双层弹性表皮组成，中间充气起到阻尼作用，上层地板计划由合成皮革制成。"这种设想虽然没有付诸实践，但其理论与技术对后来的膜结构建筑起到了启发作用，尤其是他对轻型网格球顶和整体张拉结构的研究，将建筑设计师的想象力从传统建筑的桎梏中解放出来。

后来，美国纽黑文的伯格兄弟（Berger Brothers）与富勒进行了合作，最终促成了充气式结构与张拉结构的有机结合。这种结合构成的轻型穹顶采用充气式夹芯构造，通过两层之间的拉索保持膜面距离不变。这些探索让他最终完成了 1962 年好莱坞一座钢框架结构建筑和 1967 年蒙特利尔世博会美国馆等一系列张拉结构的建设，这些项目大面积采用了丙烯酸酯树脂等新材料。

另一位在膜结构建筑的探索中不可忽视的人是德国建筑师弗雷·奥托。他的设计研究都围绕自然建筑这一主题，主张设计应与自然界和谐而不是对立。他认为自然界中"所有的物体都是结构"。1964 年，他创建了斯图加特轻型结构研究所，进行针对各种轻型结构原理和理论的研究，并探讨性地指出空气具有作为一种结构元素的潜能。他认为所有细胞无论其内部充满的是液体还是气体，都可视作充满流体的膜。

>>> 蒙特利尔世博会美国馆是一座直径 76 米的双层网格穹顶，覆盖着透明的丙烯酸酯树脂板

•••• 知识链接

结构找形

找到结构在承受荷载作用之后的形状。普通结构因为刚度很大，变形很小，所以未变形结构就可以看作结构承受荷载之后的形状。而索膜结构由于其自身刚度很小，承受荷载之后会发生很大变形，平衡方程也需要在变形后位置上建立，所以需要"找形"。

奥托为了证明空气是最轻质的建筑材料，还进行了用肥皂泡模拟自然形态的找形实验，这件事被记录在 1962 年出版的著作《张拉结构》中。更为重要的是，这本书还介绍了充气物、充气式建筑以及气动式结构，并指出：在 20 世纪最后十几年中，由气枕结构、全封闭扁平状充气式膜结构与表皮和骨架构成的复合式结构，已经成为建筑领域发展气承式结构的两大前瞻课题。可以说，奥托准确地预言了膜材料技术飞速发展后，膜结构建筑的主要表现形式。

膜结构建筑的蓬勃兴起

为了践行富勒、奥托等人的理念，很多建筑学家进行了卓有成效的实践。1946 年，美国工程师沃尔特·伯德（Walter Bird）在美国康奈尔航空实验室建成第一个充气膜结构——为美国军方做了一个直径 15 米、高 18.3 米球形多普勒雷达罩。该雷达罩在保护雷达不受气候侵袭的同时，可让无线电波无阻地通过。它采用的是一种以玻璃纤维为基布、氯丁橡胶为涂层的膜材料。

>>> 多普勒雷达罩

>>> 1957 年《生活》杂志刊登了
伯德的气承式游泳池罩顶

后来，伯德又建成了百余个充气结构，均采用尼龙、涤纶包裹着乙烯、氯丁橡胶制成的膜材料。1956 年，他还成立了自己的公司，并命名为"伯德结构"，继续设计充气式移动站、信号塔或军事设施。1957 年，他又将自家的游泳池罩在一个充气膜结构中，并通过美国的《生活》杂志做了详细介绍，从而使充气膜结构被世人所知晓。

　　1967 年，蒙特利尔世博会上的德国馆成为膜结构建筑的一座里程碑。设计师奥托曾是参加过第二次世界大战的空军飞行员，被捕后被关押在一个战俘营中。他在为其他囚犯建设临时性住所时产生了这种设计灵感，并付诸该馆的设计实践中。该馆占地 8000 平方米，采用 8 根钢铁的桅杆和 50 厘米直径钢缆结成索网，支撑起半透明的白色涤纶帐篷。这种膜结构简洁美观，便于组装和拆卸，与传统结构比起来造价相对低廉。

>>> 蒙特利尔世博会德国馆

该建筑在当时轰动全球，为后来层出不穷的膜结构应用提供了范本。1970年大阪世界博览会上，膜结构建筑开始如雨后春笋般涌现出来。由建筑师戴维斯（Davis)、布罗迪（Brody）和结构师大卫·盖格（David Geiger）设计的美国馆是其中的成功案例之一。该气承式结构纵向跨度 142 米、横向跨度 83.5 米，其膜材料为聚氯乙烯（PVC）涂层的玻璃纤维织物，无柱大厅的屋面由 32 根沿对角线交叉布置的钢索和膜布所覆盖。它是世界上第一个大跨度、低轮廓的气承式膜结构。

此次展览会上的另一个膜结构代表性作品是由日本设计师川口卫设计的日本馆，采用香肠充气型气肋式膜结构，气肋间每隔 4 米用宽 500 毫米的水平系带把它们环箍在一起。中间气肋呈半圆拱形，端部气肋向圆形平面外突出，最高点向外突出 7 米。它是迄今为止建成的最大的气肋式充气膜结构。

大阪世界博览会上出现的膜结构建筑，被认为是建筑史上的一次历史性转折，是膜结构建筑时代开始的标志。但受到当时技术水平的限制，加上天气影

>>> 1970 年大阪世博会美国馆

知识链接

气承式充气膜结构

以膜布建造一个大型的密闭空间，通过向该密闭空间内输送空气，使得内外气压形成稳定的气压差，从而形成了一个稳定的结构空间。因这种结构充气而成，所以也叫作气承式充气膜结构。

知识链接

张拉膜结构

也称为张拉式索膜结构，是由稳定的空间双曲张拉膜面、支承桅杆体系、支承索和边缘索等构成的结构体系。张拉膜结构又可分为索网式、脊索式等。

响，几乎所有的充气场馆都在使用中出现过不同的问题。加之张拉膜结构后来的兴起，大型充气膜结构逐渐被张拉膜取代。

日本大阪世博会上，以美国馆为首的膜结构项目的成功，激发了更多国家对膜结构建筑的兴趣，膜结构建设也在世界各地普及开来。

>>> 1970 年大阪世博会日本馆

特氟龙与膜材料的进步

新型膜材料及其应用技术研究是膜结构发展的基石。20 世纪 60 年代，玻璃纤维织造技术得到了很大的发展和广泛应用，但膜结构的表面涂层仍为聚乙烯基类。20 世纪 70 年代初，美国杜邦公司成功研制出具有优异建筑性能的聚四氟乙烯（PTFE）表面涂层材料，使以玻璃纤维为基布、PTFE 为涂层的现代织物膜材料问世。该膜材料具有高强度、自洁性良好等优异性能，迅速在建筑工程上得到了广泛应用。PTFE 膜材料的出现，开启了膜结构被正式应用于永久性建筑中的新时代。

说起聚四氟乙烯，其商品名称就是大名鼎鼎的特氟龙（Teflon）。说起特氟龙，有人会惊讶地说，它不就是不粘锅上的涂料吗？是的，这种东西就是不粘锅上那种让人炒菜煎鱼不粘锅的涂层。

特氟龙是四氟乙烯经聚合而成的高分子化合物，具有优良的化学稳定性、耐腐蚀性、耐高低温性、电绝缘性和表面不粘性等，为许多其他工程塑料所不及，它解决了化工、石油、电气、制药等领域的许多难题。有意思的是，它的发现是一个歪打正着的过程。

罗伊·普伦基特（Roy Plunkett）是美国杜邦公司杰克森实验室从事有机氟研究的化学家。1938 年夏天，他将四氟乙烯存放在干冰冷却的钢瓶里，为进一步研究做准备。几天后，他和助手一起打开了钢瓶，按实验流程，他通过流量计将汽化的四氟乙烯送入反应器。但没过多久，他发现四氟乙烯停止了流动，而流量计却显示钢瓶里仍有四氟乙烯没有释放出来。

>>> 普伦基特的团队正在研究四氟乙烯

普伦基特觉得奇怪，就摇晃了几下钢瓶，发现里面有一些固体物在响动。他很奇怪，就用一把钢锯把钢瓶锯开，结果发现里面有许多白色粉末。他恍然大悟，这几天四氟乙烯在钢瓶里偷偷地发生了聚合反应，白色粉末就是聚合而成的聚四氟乙烯。1941 年，普伦基特通过专利首次把聚四氟乙烯公之于世。1945 年，杜邦公司为聚四氟乙烯注册了 Teflon 商标。

聚四氟乙烯被制造出来不久，就被发现是一种超强的材料。一是十分耐寒，即使在 -269.3℃的低温也能毫发无损；二是它的耐热性也十分优异，250℃高温也可保持金身不坏；三是特别耐腐蚀，不论是强酸强碱，如硫酸、盐酸、硝酸、烧碱甚至王水等，都不能动它半根毫毛。可以说，它的化学稳定性超过了玻璃、陶瓷、不锈钢，甚至黄金、白金。此外，聚四氟乙烯的介电性能也特别好，而且它的介电性能与频率无关，也不随温度而改变，这让它在电器中可以用作很好的绝缘材料。

聚四氟乙烯成为不粘锅的最佳伴侣却是一场偶遇。法国工程师马克·格里瓜尔是 个热爱钓鱼的人，他将聚四氟乙烯涂在钓线上后，解决了钓线纠缠到一起后难以解开的问题。1954 年，他的妻子科莱特看到这一点后就突发奇想：如果将聚四氟乙烯涂在炒锅的表面，如此丝滑稳定的东西，岂不是再也不用担心煎饼时粘到锅上了？格里瓜尔听了妻子的建议，马上投入如何将聚四氟乙烯和铝结合在一起的研究中。不久，格里瓜尔为妻子研制的世界第一只"不粘锅"宣布诞生。

和应用于不粘锅相比，应用于高大美观的建筑物上，让聚四氟乙烯显得更加光彩夺目。一种以玻璃纤维织物为基材、聚四氟乙烯为涂层的膜材风靡世界各地。该膜材料防火、不燃、不受紫外线影响，透光性较好，具有很高的自洁性和耐用性。英国泰晤士河畔的千年穹顶18万平方米的覆盖面积、上海万人体育场的看台罩篷等，均采用玻璃纤维织物涂敷聚四氟乙烯涂层。

英国政府为迎接21世纪而兴建的标志性膜结构建筑，位于伦敦东部泰晤士河畔的格林尼治半岛上的世界著名工程——"千年穹顶"，占地73万平方米，总造价达12.5亿美元，直径320米，周圈大于1000米，有12根穿出屋面高达100米的桅杆，屋盖采用圆球形的张力膜结构。膜面支撑在72根辐射状的钢索上，这些钢索则通过间距25米的斜拉吊索与系索为桅杆所支撑，吊索与系索同时对桅杆起稳定作用。膜材料原先采用以聚酯为基材的织物，后来改用涂聚四氟乙烯的玻璃纤维织物。

为迎接21世纪的到来，"千年穹顶"于1999年12月31日揭幕，展示出了膜结构建筑的美好形象。

>>> "千年穹顶"

"塑料之王" 横空出世

特氟龙虽然威风八面，但更多的是应用于膜结构的屋顶。更多的时候，一种更为新型的材料乙烯－四氟乙烯共聚物（ETFE）成为21世纪应用较为广泛、技术要求也更高的一种膜材料。

知识链接

乙烯－四氟乙烯共聚物

英文简写为 ETFE，是一种无色透明的颗粒状结晶体。由乙烯－四氟乙烯共聚物生料挤压成型的膜材，是一种典型的非织物类膜材料，是目前国际上最先进的薄膜材料。

乙烯－四氟乙烯共聚物膜材料具有高抗污、易清洗、不易燃、透光性好、使用寿命长等特点。最为重要的是，乙烯－四氟乙烯膜能够循环利用，经回收可再次重复生产出新的膜材料，或者分离杂质后生产其他乙烯－四氟乙烯产品。上述优点，让其成为用于永久性多层可移动屋顶结构的理想材料。

20世纪40年代，美国杜邦公司开始研发一种新型抗磨损且在极端环境下抗辐射的绝热材料并应用于航空等领域。1970年，美国的杜邦公司与德国的赫斯特公司（Hoechst）在联手推出 ETFE 绝缘电缆之后，发现这种材料在石油、化工、汽车、航空及核工业都有着广泛的商业价值。最为重要的是，乙烯－四氟乙烯树脂可通过模具塑成任何形状。

20世纪70年代，建筑领域开始关注乙烯－四氟乙烯共聚物这种新型材料。赫斯特公司利用 ETFE 膜材料取代温室玻璃吸收太阳能，种植在改良后的温室中的植物，其长势与营养价值同户外作物没有差别，而且新型材料自重较玻璃也大为减轻。一直注重与市场实际需求相结合的赫斯特公司认识到了乙烯－四氟乙烯共聚物的价值。1984 年，历经 10 年的户外测试，ETFE 膜材料的热学性能与力学性能几乎没有改变。实验的成功为 ETFE 膜材料在建筑领域的应用铺平了道路。

1980 年，建筑师奥德尼·富勒顿（Ami Fullerton)、奥托和特德·哈伯德受加拿大政府委托，为艾伯塔省从事油砂开采的石油工人设计生活区，即"北纬 58°"项目。基地环境异常恶劣，冬季寒冷刺骨，夏天则充斥着成群黑蝇。针对这种情况，他们在原材料上先后考虑过聚四氟乙烯（PTFE）玻璃纤维、泰德拉（Tedlar）聚氟乙烯薄膜，但都因在寒冷中缺少足够的稳定性而被否定。最终，特氟龙和乙烯－四氟乙烯聚合物材料成为两种备选材料。

特氟龙曾应用于阿纳姆动物园，但时间不长便因撕扯而遭到破坏。研究小组意识到 ETFE 优越的弹性及韧性更能满足工程使用需求。于是针对该材料的张拉性能开展了实验。实验发现，ETFE 的荷载形变曲线非常神奇，材料的弹性范围很小，但在材料失效前其形变却可达到先前的 4 倍。除非遭到利器的破坏，通常情况下材料能承受极高的应力而不屈服。最终，研究小组决定采用乙烯－四氟乙烯共聚物来覆盖 15 万平方米的场地。他们确定了跨度 300 米 × 550 米的膜顶由 ETFE 气枕构成，采用索网支撑。但是，由于油价下跌以及油砂采集被禁止，该项目最终没有实施。尽管如此，ETFE 膜材料已开始在巨型结构领域崭露头角。

位于不来梅的福伊特克公司（Vector Foiltec）可谓是建筑领域采用 ETFE 膜材料的先驱者。他们曾经在 1982 年对阿纳姆红树林温室采用 FEP（氟化乙丙烯）膜材料进行修复工作。他们采用 45 个强度高、自重轻且抗撕裂性能良好的小型低压 ETFE 气枕取代了原有 45 米长的 FEP 气枕，土

体支撑结构依旧由原有的钢柱及索网构成。高透光性的 ETFE 膜材料使温室内的红树林得以在充足的阳光下成长。该工程的成功，最终促使伯格斯动物园将另外两项采用 ETFE 膜材料的建筑项目委托给福伊特克公司。1988 年建成的热带馆首次将"无需农药、自我循环"的生态理念引入其中，沙漠馆也于 1993 年建成。该建筑让动物园焕然一新，游客成倍增加。此后，福伊特克公司开始研究 ETFE 气枕式膜结构在工程领域的应用，并相继开发和生产出用于切割和焊接 ETFE 膜材料的机械，从而拥有了越来越大的市场。

应用 ETFE 的标志性工程是 2001 年竣工的英国西南方康沃尔郡的"伊甸园"温室工程，有"世界第八大奇观"的美誉。由 4 座穹顶状建筑连接组成的全球最大温室，采用的覆盖材料便是 ETFE 膜结构材料。采用这种膜材料建成的建筑物，白天不用照明，可以大幅度降低能源消耗，且重量很轻，仅为同面积玻璃质量的 1%，可单独使用，使用寿命可达 25 年以上。

>>> 英国"伊甸园"温室工程

中国膜结构代表作——"水立方"

中国的膜结构发展比较晚。20 世纪 80 年代初，我国建成第一座充气膜结构建筑——上海工业展览馆，为一圆柱形气承式膜结构，其膜材料的基材为尼龙织物，涂层为聚乙烯类树脂。1997 年，上海体育场建成，这是我国第一次在大型体育场馆采用膜结构建筑的屋顶，为我国膜结构建筑掀开了新的一页。此后，青岛颐中体育场、浙江义乌体育场、上海虹口足球场等亦纷纷出现膜结构建筑。但是，中国最著名的膜结构建筑是名扬中外的"水立方"。

2012 年 2 月 14 日，"国家游泳中心（水立方）工程建造技术创新与实践"荣获 2011 年度国家科技进步奖一等奖。国家游泳中心项目是本次 20 个一等奖中唯一的建筑工程类成果，也是该奖项设立以来，为数不多获得国家科技进步奖的土木建筑专业工程之一。

"水立方"之所以名扬天下，在很大程度上要归功于外立面所使用的 ETFE 膜材料。"水立方"是目前世界上规模最大的 ETFE 充气膜结构建筑。它是一个 177 米 × 177 米的方形建筑，高 31 米，看起来形状很随意的建筑立面遵循严格

知识链接

气枕

将 2 层或更多层的膜材料通过热熔焊接复合到一起，形成封闭的袋子，其周边用气枕夹具夹持住，再将夹具固定在建筑主体结构上，从而将气枕和建筑融为一体。在气枕内，通过预留的阀口充入经过过滤及除湿处理的清洁干燥的空气，形成具有良好保温性能的围护结构。

的几何规则，立面上有 11 种不同的形状。

建筑屋面和墙体结构的内外表面，共由 3615 个气枕组成，覆盖面积达到 10 余万平方米。气枕为多种规格的不规则多边形，最大跨度为 10.75 米，最大气枕面积约 70 平方米，最小气枕面积不足 0.5 平方米。一块块气枕好像一个个"水泡泡"，给"水立方"穿上了一件蓝波荡漾的外衣，凸显了国家游泳馆的建筑主题。

梦幻般的蓝色来自外层气枕的第一层薄膜，因为弯曲的表面反射阳光，使整个建筑的表面看起来像是阳光下晶莹的水滴。而如果置身于"水立方"内部，感觉则会更奇妙，进到"水立方"里面，你会看到，气枕像海洋环境里面的一个个水泡一样。

作为必不可少的建筑构件，每一个气枕都可以通过控制充气量的多少，对遮光度和透光性进行调节，有效地利用自然光、节省能源，并且具有良好的保温隔热、消除回声的能力，为运动员和观众提供温馨、安逸的

环境。整个充气过程由电脑智能监控，并根据当时的气压、光照等条件使"气泡"保持好的状态。

这种像"泡泡装"一样的膜材料有自洁功能，使膜的表面基本上不沾灰尘。即使沾上灰尘，自然降水也足以使之清洁如新。此外，膜材料具有较好的抗压性，人们在上面"玩蹦床"都没问题，"正常情况下，放上一辆汽车都不会压坏"。如果万一出现外膜破裂，根据应急预案，可在8个小时内把破损的外膜修好或换新。"水立方"晶莹剔透的外衣上面还点缀着无数白色的亮点，被称为镀点，它们可以改变光线的方向，起到隔热散光的效果。

"水立方"是我国首次使用ETFE充气式膜材料建造的大型建筑。现代建筑艺术与传统设计理念的完美结合，造就了新颖奇特、美轮美奂、充满灵气与神韵的陆上水世界，使其成为举世瞩目的中国标志性建筑之一。

>>> 水立方

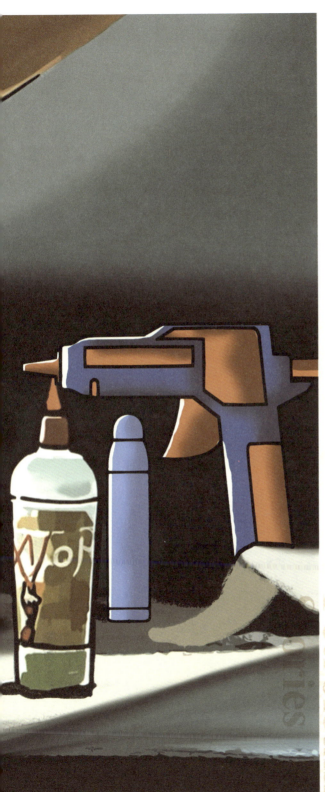

物联质通
黏胶让世界抱成一团

　　1973 年 10 月，法国专家曾做过一次别开生面的黏胶黏结强度实验。将八匹高头大马分成两列，从相反的方向拉着用黏胶黏合在一起的两块脸盆大小的钢板。八匹马奋力扬蹄，结果筋疲力尽也未能将两块钢板分开。实验证明，黏胶的黏结力每平方厘米可达 300 千克力，上面两块钢板粘在一起的总黏结强度可达 300 多吨，相当于 6 节满载重物的火车车厢。如此强悍的黏胶，发明的过程却十分有趣。

Petroleum

法老的胡子动不得

　　埃及法老图坦卡蒙的金面具是人类文明的瑰宝，对研究古代埃及的历史文化意义重大。2014年8月，面具上的胡子被粗心的埃及博物馆工作人员碰掉了。没想到在修复过程中，博物馆的人又犯了一个更粗心的错误——在将胡子黏结到面具上时，使用了具有腐蚀性的现代化学合成黏胶，让面具发生了色变。

　　这下问题大了，手足无措的博物馆工作人员只好撒出了英雄帖，向多方求助。后来，在一家德国研究所的帮助下，他们才发现面具上的原始黏胶是蜂蜡。于是，本着修旧如旧的原则，修复人员更换了黏胶，才将法老的黄金面具恢复成旧日的样子。

>>> 蜂蜡

在古埃及，蜂蜡这种东西不仅可以当黏胶，还可以美容护肤。为了让皮肤光滑洁净，古埃及人将蜂蜡涂在皮肤上脱去体毛。能脱毛也能增毛，古埃及人还用它在脸上粘假胡须，让男人们显得更加成熟帅气。不过，在人类历史上，蜂蜡这种东西并不是最早用来粘物质的媒介，早在 20 万年前的尼安德特人就知道如何利用黏结剂粘东西。

2001 年，考古学家在意大利和德国交界的尼安德特人遗址处发现了两块覆盖着桦树皮的石片，石片上残留着焦油黏结的痕迹。可以看出，20 万年前的尼安德特人，为了将石斧黏结到木头手柄上，已经开始将桦树皮流出的焦油块作为黏胶。实验证明，这些黏糊糊的胶质物经过干燥后，会起到较强的黏结作用，可以将石头与木材固定在一起，成为尼安德特人的打猎工具。正是这种工具，让尼安德特人在原始森林中追逐猎物时保持着勇敢的姿态，帮助他们解决了吃饭问题。

>>> 桦树沥青和桦树皮

尼安德特人用胶并不是一个偶然的例子，很多考古结果提供了古人使用胶剂的案例。1991 年 9 月，两名德国登山游客在意大利境内的阿尔卑斯山谷中，发现了一具躺在冰雪中的尸体。根据发现的地点，这个冰人被称为"奥兹"人。他的死因已经无法知晓，但是在他的身旁，人们发现了一把铜斧和一个装有 14 支箭的箭袋。最为重要的是，这些武器的关键部位都是用沥青黏结在一起的。尽管历经数千年之久，黏结部位依旧十分牢固。科学家们推断，沥青作为一种天然黏合剂，已经被远古时代的人类使用。

沥青不仅可以黏结小的狩猎工具，还可以黏结恢宏的建筑。古巴比伦的建筑天才尼布甲尼撒二世在建造巴比伦塔时，让工人们把沥青和其他材料混合做成一种泥状黏结物，涂抹在每块砖瓦之间，将其连接成一座座雄伟高大的建筑。每座塔完工之后，他还让工人们把沥青涂抹在柱子表面，作为防腐、防潮的保护层。巴比伦塔建造成功，沥青作为建筑材料的黏合剂功不可没。

沥青、蜂蜡和焦油等黏胶一直伴随着人类成长和社会进步。而在中国古代，黏合剂的使用却别有一番魅力。中国古人把糯米和石灰放在一起，和碎沙石进行混合，制作出了一种建筑用黏合剂，让中国的古建筑有了更强的稳固性和耐久性。万里长城、西安城墙和故宫等很多中国古代建筑都是使用这种黏合剂建成的。历经千年风雨，糯米砂浆的黏结部位依旧牢不可破。

到了近现代，动物骨胶一度成为主角。18 世纪末期，欧洲捕鲸业形成一个庞大的产业链：鲸油用来照明，鲸须做龙涎香，而鲸鱼骨和肉却长期无人问津。英国商人比特·索梅尔发现了其中的商机，他挑选出大块的鲸鱼肉、鲸鱼尾和鲸鱼鳍，采用慢火熬制的方法制成了一种黏结强度较强的鲸鱼骨胶。这种骨胶为索梅尔带来了大量的财富，但也让鲸鱼、白令大海牛等海生哺乳动物惨遭劫难。好在 19 世纪末期，化学胶剂的出现，才拯救了这些有可能被制成黏胶的动物。

用胶合板造高铁的梦想

2017 年，英国 V&A 博物馆举办了《胶合板：现代世界的物材》展览，还展示了当时胶合板工业的工程师们很多别出心裁的设计，其中最有前瞻性的设计方案之一是在胶合板管道中通铁路列车。这种管道可以像水管一样悬挂于建筑物外表，简直像科幻小说中的场景，很接近于马斯克提出的"超级高铁"项目。但这是胶合板的将来，那么它的过去又是一番怎样的景象呢？

>>> 胶合板铁路通道

19 世纪 70 年代，欧洲的法国、德国和俄国等国家都使用薄木片点燃煤气街灯来照明，单板旋切机就是给这些照明设施切削木片用的一种机械。关于世界上的第一台旋切机发明人，不同的文献有不同的说法，但旋切机切出了源源不断的薄木片，最终使之与黏胶完美结合，生产出了人类制造家具、门窗最重要的一种板材——胶合板，这一点是肯定的。

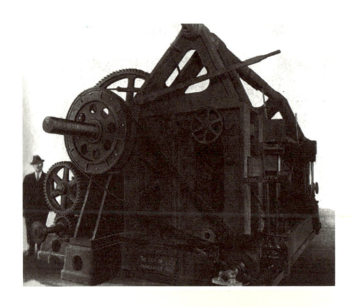

>>> 早期的单板旋切机

　　在胶合板诞生之前，胶合的理念已经伴随着人类走过了很多年。2019年，中国的吴濛、张秉坚和蒋乐平等人在一家世界知名考古期刊上发表题为《酶联免疫法检测发现 8000 年前新石器时代的跨湖桥居民把天然大漆用作涂料和黏胶》的文章，他们通过对杭州市跨湖桥遗址出土的一柄漆弓进行科技检测，得山结论认为：8000 年前的跨湖桥先民已经采集并利用生漆作为黏胶。而在胶合板的早期实践上，公元前 3000 年的古埃及人，已经开始利用手工锯将木材分割成小薄片，然后磨光并与金属薄片等材料黏合在一起，用于制造王族所用的高级家具。

　　而在近代，最早进行工业化尝试的是德国。1850 年前后，德国人开始将旋切机切出的木片进行压合处理，制造出了早期的胶合板，并用来制造大钢琴的层压板。此后，又相继用于制作缝纫机体、椅背、椅座以及家具面板。但限于落后的设备和工艺，再加上当时的胶合板大多采用天然胶等原因，产品强度较差，根本无法进行大规模生产。20世纪初，日本、美国、芬兰等国家相继开始了胶合板的工业化生产，尤其是美国，取得的进展更加引人瞩目。

1905年，俄勒冈州波特兰市发起了"刘易斯与克拉克远征"百周年庆典展览。波特兰制造公司经理古斯塔夫A.卡尔森（Gustav A.Carlson）携带着自己公司生产的胶合板参加了展览。多家木门制造商被吸引了，当场签下一些订单，让波特兰制造公司成为波特兰和华盛顿西部地区的胶合板主要供应商。后来，其他厂家纷纷效仿，从而推动加利福尼亚、西雅图陆续建立了多家类似的工厂，最终让胶合板在美国实现了规模化生产。

1924年，阿尔瓦·阿尔托（Alvar Aalto）与阿诺·玛赛奥一起进行了长达5年的木材弯曲实验，终于实现了用木材制作模压胶合板，为胶合板的生产提供了更为高效的方法。但是，真正让胶合板生产发生巨大改变的是合成树脂进入黏胶领域，让胶合板工业突破了技术瓶颈。

>>> 阿尔瓦·阿尔托设计的扶手椅（1930年，藏于维史博物馆）

脲醛树脂

又称脲甲醛树脂，是尿素和甲醛在催化剂作用下，生产出来的一种热固性树脂。耐弱酸、弱碱，绝缘性能好，耐磨性极佳，价格便宜，是黏胶中用量最大的品种。特别是在木材加工业和各种人造板的制造中，脲醛树脂及其改性产品占黏胶总用量的90%左右。

20世纪初，美国已在胶合板工业中使用淀粉胶。1923年，美国胶合板制造商首先制成了胶合性能优良且具有一定耐水性能的豆胶，在相当长时间内一直是胶合板生产的主要胶种之一。但这些天然胶都有一定的弊端，例如容易开裂、防水性差等。

1934年，胶合板行业革命性的变化到来了，水溶性酚醛树脂开始被用作单板浸渍、胶合板和层压木的黏胶，替代了原来所有的天然胶，这使胶合板生产规模不断扩大。此后不久，液态脲醛树脂胶开始被广泛地应用在传统的涂胶机上，时至今日液态脲醛树脂胶仍然是胶

>>> 20世纪30年代美国胶合板业使用的热压机

合板生产中最主要的黏胶。在两种胶剂支撑下，胶合板的性能大幅提升，主要标志就是第二次世界大战时，不少飞机的机翼开始使用胶合板。

黏胶剂的发展促进了胶合板业的发展，从 1930 年到 1950 年美国胶合板产量提高了 6 倍，德国、芬兰、法国、日本、苏联和美国等国家的胶合板工业也都在不断进步。其中，德国生产的胶合板不仅用于家具制造业，还用于造船业；美国的胶合板应用更为广泛，从最早的门板到后来的家具背板、抽屉底板、汽车尾厢、收音机箱体，让胶合板几乎成了家庭生活必备的一种板材。伦敦汉普斯特德的 Isokon 建筑还以胶合板做家具与门，并用磨光的金属片来装饰。

在胶合板业飞速发展的同时，各种各样的纤维板、碎料板、密度板、刨花板、贴面板、烤漆板、欧松板和细木板等人造板材也都被研发出来，并应用于各行各业。但不可否认的是，这些人造板呈现的方式虽然不同，但基本制作原则却一直沿用胶合板的原理：都是将极薄或极碎的木片或木屑黏结在一起，并使它们纹理交错地呈现出来。其总体的趋势是木材使用量越来越节省，黏胶的使用则越来越新、越来越环保。

用胶合板建造的房屋

用胶水粘制的轰炸机

用黏胶粘高铁还没有实现，但是用它来粘制飞机，却早早在飞机的童年时代就成为现实。

随着西方社会工业革命的到来，黏胶的需求量越来越大，取自动物骨骼的骨胶已经无法满足生产生活的需求。市场上迫切需要一种数量巨大、价格便宜、简单易得的黏胶。1905 年，美国化学家贝克兰合成的酚醛树脂，成为人类最早人工合成的一批高分子材料，在开启了塑料工业的同时，也为黏胶产业打开了新路径，各种新型黏胶在此后层出不穷。

化学黏胶剂行业的成长期正值第二次世界大战期间，这种胶剂一出现，就被应用于军工行业，并大放异彩。1941 年英国 Aero 公司发明了酚醛－聚乙烯醇缩醛树脂混合型结构黏胶，他们的团队声称它可以用来粘接飞机的某些部件，让皇家空军大喜过望。当时的飞机制造还大都采用焊接、铆接等传统连接方式，周期长，速度慢。如果真能采用黏胶来粘接制造飞机，显然将带来令人激动的生产方式，这将大幅缩短制造周期，提高产量。另外，还能有效地减轻飞机自重，让它在飞行中更加灵活。

不过，这个计划实施后，一直遭到保守者的质疑。后来，当飞机试飞时，果然出现了坠落事故。经过调查分析，发现胶粘的部分完好如初，并非胶剂的责任，这才让试制计划继续进行。1944 年 7 月，再次试飞时又发生了飞机坠毁事故，人们又开始指责胶粘飞机的轻率做法。但调查表明，导致飞机坠毁的是飞机关键部位的金属材料受损，而不是那些用黏胶粘接部分出现了问题。这两次波折，让黏胶脱颖而出。

黏胶在飞机上的应用最具代表性的是第二次世界大战期间一款英国著名的"蚊"式轰炸机。由于当时航空铝匮乏，设计师另辟蹊径用木材代替铝材用胶水粘出了这款飞机。木材的抗扭性普遍没有金属强，再加上"蚊"式轰炸机的发动机功率较大，普通木材无法扛住如此大的扭矩。但在第二次世界大战时期，想要把木材做到"强度重量比"达到金属铝一样的程度其实也不算难。这个技术便是采用"模压胶合成型木结构"。这种结构最早是由 LWF 飞机公司于 1919 年在一款飞机上采用过。1922 年美国诺斯若普公司在 S−1 双翼机上也采用了这种结构。1922 年 8 月，这种结构还获得了美国专利。

这种"复合木材"的制作工艺，就是将物理特性不同的木材切削成薄片，然后交替叠放，再利用强力胶水黏合压制成材，从而在减轻木材重量

>>> 英国"蚊"式轰炸机

的同时保证其能够拥有足够的抗扭性。这种强力胶是一种工业用黏合剂，主要成分是氰基丙烯酸酯，几乎可以做到瞬间黏合。

他们采用这种模压成型的胶合板结构，将机身分为左右两半单独制造，用云杉木隔框分为 7 个隔舱；板材厚约 11 毫米，内外层是 2 毫米厚的加拿大桦木，中间层是厄瓜多尔轻木。这些木材经过黏合后，再将其放到模具中加压成型；然后两半机身进行榫卯咬合和螺栓装配，机身外面包裹特制棉布并刷漆涂装。

这种木质"蚊"式轰炸机拥有一定的隐身性能，加之灵活轻便、速度极快，创造了英国皇家空军轰炸机作战生存率的最佳纪录，累计出动过39795 架次，投弹十多万颗，却仅有 254 架被击落，成为第二次世界大战期间当之无愧的一代名机。

并非只是木制的轰炸机才会用到黏胶。在所有现代飞机上，几乎没有不采用粘接工艺的。这是因为飞行器的结构采用了粘接工艺，明显地减轻了结构重量。一架重型轰炸机采用粘接代替铆接，质量可以减轻 34%，并有效提高了飞机的抗疲劳寿命。因此，粘接技术是目前飞机制造的重要工艺。B-58 重型超音速轰炸机中，粘接壁板占全机总面积的 85%，其中蜂窝夹层结构占 90%。每架飞机用胶量超过 400 千克，可取代约 50 万颗铆钉。

对于一些飞机，粘接已经成为整个机身设计的基础。飞机制造中常用的黏胶有酚醛-缩醛、酚醛-丁腈、酚醛-环氧树脂黏胶等。第二代丙烯酸酯黏胶已经大量用于飞机制造中，如飞机的行李舱、门、计算机及电子元器件和音响设备的粘接。选择什么样的黏胶，已经成为制造飞机的主要研究课题之一。

让生活更方便的"胶发明"

20 世纪 20 年代开始，随着合成树脂、合成橡胶工业的进步，黏胶也随之发展起来，以合成高分子材料为主要成分的酚醛－缩醛胶、聚氨酯胶等新型黏胶，以丁苯橡胶、丁腈橡胶、聚丁二烯橡胶为原料的黏胶在美国和苏联开始生产，聚乙烯、聚丙烯、聚酰胺、聚酯和聚氨酯等类型的热熔胶也陆续在各国出现。黏胶成为世界各国人民生产生活的伙伴之一。东西方的科学家们发明了很多对人们的生活、学习和工作有巨大帮助的黏胶制品，不妨盘点一下，看看孰优孰劣。

胶棒发明者沃尔夫冈·迪尔里希博士曾是德国一家化学品公司的研究员。20 世纪中期，这位年轻人遇到了一个研发难题：他们发明的胶水总是在使用过程中弄得到处都是。在一次飞行旅途中，迪尔里希注意到邻座一位女士随手拿出一支口红，简单地旋转一下口红就从金属管里灵活地进出。迪尔里希马上联想到了正在困扰着自己的难题，为什么胶水不能做成类似的样式呢？回到实验室后，迪尔里希立即动手，改变胶水的性质，不让它快速干化，还为它设计了一种旋转式的进出方式。就这样，使用方便的胶棒应运而生。由于它使用简单、携带方便，一经推出就风靡市场。

便利贴发明于 1966 年。各国的化学家们一直想提高黏胶的粘接强度。年轻的博士希尔福为了实现这个目标，尝试着改变配方，增加关键成分的比例，结果却适得其反，最终实验品得到的黏结力反而更弱。不过，它却有了一个鲜明的特点：非常容易被剥离，并且还可以反复使用。公司的管理层对这种新型黏胶丝毫不感兴趣，但希尔福却十分相信这款产品的价值，不遗余力地向同事们介绍这种黏胶的作用。后来，一位同事建议他再改进一下，可以成为随贴随用的一种东西。希尔福便将这种胶和纸张结合起来，便利贴就此诞生。一个被认为失败的发明沿用至今，造就了丰富的办公室文化。

>>> 胶带的发明者理查·德鲁

胶带的发明者是出生在美国明尼苏达州圣保罗的理查·德鲁。1925年左右，美国的汽车车主常想把自己的爱车刷上流行的双色调油漆。为了不让颜色覆盖整辆汽车，工人们不得不用纸张来遮住部分车身，但结果是很多纸张在刷完后就揭不下来了。如何将纸粘到汽车上，并可以在油漆涂完后顺利地揭下来呢？3M公司的技术员理查·德鲁思考了很久后，据说他是受到工人使用的砂纸的启发，制作了一个5厘米宽，一面涂上胶黏剂的绉纸卷，遮覆在汽车上，效果极好。后来，他又将纸张更换成了透明的玻璃纸，就这样，一种新的胶带诞生了。后来，随着不断地改进，这种胶带开始在人们的生活中广泛应用。

502胶由中国科学院化学所研制，因为实验室在502室，因此得名"502"。20世纪50年代，速干胶只有美国能够生产。曾贝在刚进入中国科学院工作不久，就担起了为国家研制速干胶的重任。曾贝和研发团队几乎是从零开始，围绕着这种速干胶进行了反复实验，终于在1964年完成了研制任务。这种502胶是以 $\alpha-$ 氰基丙烯酸乙酯为主，加入增黏剂、稳定剂、增韧剂、阻聚剂等制成。502胶几乎可以粘接各种材料，无论是金属、橡胶、皮革、陶瓷等都不在话下。正是曾贝的发明，中国才有了这款强大的黏胶，去黏合人们生活中各种物质存在的大大小小的裂痕。

下可粘地上可补天

说黏胶下可粘地上可补天，并非夸张。有几个小故事可以让大家认识一下这种黏胶的魅力。

先来说一说粘地。黄河上游的龙羊峡水电站地质结构十分复杂，岩石破裂地带较多，大坝左臂山岳有一条长 10000 多米、深 100 米的岩石破损带。在这条破损带上，布满了许多大大小小的裂缝。如果不想办法解决这个问题，极有可能危害水电站的安全。在科学高度发达的今天，愚公移山不是一个好办法。化学家们想出了用黏胶黏合的妙招。他们将一种特殊的黏胶浇灌进了山体大大小小的裂缝中，将碎石细沙统统地粘连在一起，使之形成一个用铁锤都砸不开的整体。不过，胶黏剂在地质上的应用毕竟较少，更多的还是应用于生活、工作和生产中。

在汽车工业中，胶黏剂使用更为广泛，从车身、内衬材料、隔声隔热材料、座椅到制动片等都离不开黏胶。因为使用了胶黏剂，整个车身变轻了。粘接操作还让整个制造生产流程更加简洁，进而形成了流水线生产。以制动片的粘接为例，美国克莱斯勒汽车公司于 1949—1975 年共粘接了2.5 亿个制动片，无一失效。我国"解放"牌汽车制动片原用几十个铆钉，改用胶黏剂粘接后，使用寿命提高了 3 倍以上。由此可见，采用胶黏剂粘接生产的制动片十分安全可靠。

说完了地上的再说一说天上的。黏胶从诞生的那一天起，应用最多的部门就是航空航天工业。

在航天方面，"神舟五号"航天员杨利伟在飞行过程中经历了两次惊魂时刻。第一次是在火箭上升到 30 多千米高度时，火箭燃料与飞船舱体产生的强烈共振，让他在持续 26 秒的时间里感觉五脏六腑几乎炸裂。第二次是在飞船第一次降落之后发生回弹，舱内巨大的震动使他嘴角撞向了麦克风。少有人知的是，这两次惊魂时刻都与阻尼黏胶没有满足航行需求有关。后来，经过五年攻关，飞船用阻尼黏胶抗共振问题在"神舟七号"飞船上得以彻底解决。

火箭推进器用黏胶应用于液氢、液氧发动机系统，具有耐超低温的优良特性。复合固体火箭推进剂用黏胶将氧化剂和金属燃料等固体颗粒粘接在一起，其中黏胶用量占 10%～20%。黏胶除了能将氧化剂与金属粘接在一起成为整体，保持一定几何形状外，还能提供一定力学性能，帮助火箭承受在装配、运输、贮存、点火燃烧及飞行期间的巨大应力。最早采用的复合固体火箭推进剂中的黏胶是聚硫黏胶，20 世纪 60 年代多采用端羧基丁二烯。近年来，为满足火箭发动机推进剂的生产要求，又研制成功了端羟基聚酯等端羟基型黏胶。

人造卫星上众多的太阳能电池都用黏胶固定。"阿波罗"航天飞机上的指挥舱、登月舱中的不少模块均用耐高温酚醛环氧航天胶水黏合。在"阿波罗"航天器上，使用了橡胶、聚氨酯胶和聚丁二烯等材料制成的特种黏胶。有一种胶被称为卫星灌封胶，也称为电子灌封胶或电子胶，主要有导热灌封胶、环氧树脂灌封胶、有机硅灌封胶、聚氨酯灌封胶、LED 灌封胶等几种，均是卫星等航天器各部位使用的胶种。灌封材料可以让卫星上的各种电子器件在安装和调试好以后，保持电路不受震动、腐蚀、潮湿和灰尘等影响。

导弹用黏胶根据使用部位不同，要求各异。导弹弹头再入大气层时的环境特点是经受瞬时高焓高热流和高驻点压力。根据导弹射程不同，其弹头再入速度可达十几至几十马赫，驻点温度可达数千摄氏度。要求所用黏胶具有超高温下优良的耐烧蚀特性。另外，导弹需要粘接的构件种类很多，既有多种金属材料，也有各种无机材料、有机材料和复合材料，不同材料间的粘接需要不同的胶种。而且由于被粘接部位的特殊性，胶种也要有优良的匹配特性和良好的工艺特性，并保证在各种各样的苛刻环境条件下性能保持稳定。例如，舰地导弹必须具有长期耐海水和盐雾侵蚀能力；用于陀螺稳定平台系统的黏胶必须具有在真空条件下耐氟氯油的特性。

在强大的石化科技支持下，还有什么不能通过胶而黏结在一起呢？金属和木材可以结为兄弟，石材可以和塑料互通有无，玻璃和橡胶也可以进行一次轰轰烈烈的相濡以沫。生活因为这种结合而方便、美好起来，世界因为这种结合更加文明和进步。

美美与共
美女是这样炼成的

　　网络直播行业的兴起，让很多人惊诧于中国民间有如此之多的美女存在。在我们的生活中，乃至文艺圈中，颜值如此逆天的女子实属难得一见，为什么直播间里比比皆是？直到一个粉丝百万的美女在一次直播事故中不幸翻车，才让大家知道了真相。这名女生在直播完毕后，忘记了关闭摄像头，及至她卸妆之后，再次进入镜头时，让大家看到了真相，原来漂亮的脸蛋是假的！在新材料和整容技术飞速发展的时代，女人对美的追求也进入了新阶段。在不断否定自己、塑造自己的过程中，不仅体现出了女性走向开放、独立的趋势，也折射出高分子材料的发展历程。

Petroleum Stories

站在高跟鞋上看风景

2014 年 11 月，布鲁克林博物馆策划了一次高跟鞋展览，160 多双标新立异的高跟鞋亮相。这次展览被命名为"致命高跟"。它们美丽的曲线令人心醉神迷，而那些挑战人类极限的鞋跟高度，令观赏者感到惊心动魄。尽管穿上之后可能步履维艰，但女人还是爱极了带来美丽与痛苦的高跟鞋。

有人说，高跟鞋之于女人，不光是一种行走工具，更是一种生活态度。美国著名影星莎拉·西卡·帕克在电视剧《欲望都市》中，以女主人公之口说过这样一句话"站在高跟鞋上，我才能看见真正的世界"。针对穿高跟鞋脚部的舒适度欠佳的问题，她的回答更是上升到了形而上的高度："使脚不舒服的不是鞋子的高度，而是欲望。"不管如何，在现代社会，借助鞋跟的高度去和世界建立密切的联系，是很多女性追求美与开放的主要方式之一。

>>> 高跟鞋是性感女人
    的标配

关于高跟鞋的来源，有很多传说。第一种是在 15 世纪的时候，一个经常在外的威尼斯商人，对他美丽的妻子放心不下，怕她"红杏出墙"给自己戴绿帽子，就自作聪明地请鞋匠给妻子做了一双高跟皮鞋。他认为这种鞋子会增加走路的难度，可以把妻子困在家里。没想到事与愿违，他的妻子穿上这种高跟皮鞋后，感到十分好奇，就由女佣扶着到处撒欢游玩。威尼斯的女人们被她脚上这双神奇的高跟皮鞋所吸引，争相仿效，一时"威尼斯鞋贵"。从此，女性足下的高跟鞋应运而生。

第二种说法更离奇。传说古代一个漂亮的姑娘——哪个国家的没有交代，属于人见人爱的那种，全城的人见到她时，都会忍不住去吻她的前额——这应是当地一种社交允许的礼仪。姑娘不胜其烦，为了避免这种烦琐的礼仪，她就命人制作了一双鞋跟很高的鞋子，穿在脚上后，使本来就高挑的她显得更加高挑，全城有大半的男孩子无法再吻到她的面额。

这些传说都无从考证。但是，高跟鞋在欧洲的推广却有据可查。声名赫赫的意大利佛罗伦萨美第奇家族的凯瑟琳小姐个子矮小，在她与法国的亨利二世结婚时，带去好几双精心打造的高跟鞋。她只是想让自己显得高一些，以免和亨利二世显得不般配。在盛大而喜庆的婚礼上，新娘凯瑟琳身着豪华婚纱，足登高跟皮鞋，与夫君翩翩起舞时的优美身姿和那火红色的高跟鞋，倾倒了时尚之都巴黎那些太太和小姐。从此，全欧洲的女性都开始迷上了凯瑟琳的高跟鞋，并将其定义为贵族地位的标志。

从古至今，高跟鞋让女人风光无限。高跟鞋的高跟使浑圆的脚踝仿佛被高高顶起，使脚心更加弯曲，并且与饱满的前脚掌和脚趾形成性感撩人的曲线。不管是皇家宫廷的贵妇王妃，还是在繁华街区穿行的都市丽人，高跟鞋成为追求时尚与性感的女性的标配。特别是那些明星贵妇，更是"买鞋狂人"。据媒体报道，美国某女星经常一次性购买高跟鞋 50 双以上。

高跟鞋让女人拥有了她本未拥有的高度，从而在心理上产生了俯视世界的错觉，高跟鞋的色调和款式，或张扬或夸张或精致或古典，随着时尚变化万千。但变来变去，高跟鞋的灵魂仍然是小小的鞋跟，它的跟高和跟型决定了一双高跟鞋的品位和价值。在凯瑟琳和她以前的时代，高跟鞋鞋跟大都为木料所制，外包一层薄薄的皮革，用钉子固定在鞋底上。后期，随着制鞋技术的进步，又出现了用皮革"堆跟"制成的高跟鞋。不过，用木材制作出高跟鞋，从坚固性和防水性上无法达到完美效果，而要想制作出又细又高的鞋跟更是难上加难。纯粹金属的鞋跟虽然比较牢靠，明星在舞台上穿着尚可，但是在生活中穿起来确实有些笨重。因此，如何为女性找到一种更结实、轻便而又安全的鞋跟材料，成了一件难事。

高跟鞋的鞋跟需要用足够刚性的材质才能支撑起人体的重量与承受运动的冲击。就高跟鞋的发展过程来看，真正让高跟鞋发生巨大变化的是尼龙、塑料、聚酯等材料的崛起。20世纪初，随着合成纤维工业的发展，先是在欧洲出现了一种在尼龙跟中钉入铁芯的"细高跟鞋"。这种工艺逐渐发展成一种成熟的金属镶嵌注塑成型工艺，它将塑料和金属完美地结合起来，使高跟鞋向更高、更细、更强的目标发展。因为这些材料的可塑性极强，高跟鞋的鞋跟跟型出现了直跟、卷跟、酒瓶跟、钉形跟等样式。随着科技水平的提高，跟越来越高，型越来越奇。它与时尚女性对服饰、鞋饰、体态、美感、韵律、诱惑力的追求与时俱进，相得益彰，经久不衰。

◦◦◦◦知识链接

金属嵌件注塑

嵌件模塑成型的一种，具体操作方法是将金属嵌件预先固定在模具中适当的位置，然后再注入塑料成型，开模后嵌件被冷却固化的塑料包紧固定在制品内，从而得到带有如螺纹环、电极等嵌件的制品。

目前，高跟鞋主要采用 ABS 等工程塑料或通用塑料为主材，可以单独成型，也可以和金属一同复合成型。合成的高跟鞋底以塑料为鞋跟主体材料，围绕一根专业滚花钢管注塑成型，跟底材料一般选用聚氨酯。外部装饰材料可以用喷漆、印刷、包层皮、加装饰件等方法进行装饰。另外，还有一种透明的高跟鞋鞋跟，透明到仿佛果冻质感的透明 PC 塑料，也为那些在舞台、直播间的漂亮女性们提供更为引人注目的选择。穿上这种鞋子，远远看去，如同悬空踩在云雾中，让观者沉醉。

高跟鞋后跟掌面是力量的集中处，ABS 等材料耐磨性并不是最强的，与地面接触时也有些过于强硬，小掌面与整双鞋寿命极不相配。中国的一家企业曾经对鞋跟掌面所用塑料、尼龙、橡胶、聚氨酯等高分子材料进行实验，从产品原材料、嵌件钉子结构、产品模具设计、注塑加工工艺等几方面进行研究，最终发现热塑性聚氨酯弹性体的磨耗值最小，因此，选择热塑性聚氨酯弹性体为加工鞋跟掌面的材料，使得鞋跟小掌面的质量得到改进。配有这种小掌面的皮鞋荣获 1990 年全国皮鞋质量金奖。

如今，在鞋跟美学的流行时尚中，鞋跟的高低就是女人的性感指数，因为高跟鞋的致命吸引力在于拉长了小腿、拉直了身形。于是就有了"14厘米酷女""10 厘米美女""5～7 厘米靓女"与"0～2 厘米淑女"时尚档案。而这些档案的形成，如果没有新材料的加持，是很难写就的。

丝袜性感了两性世界

20 世纪 40 年代，一群年轻美丽的女子排成一排，扶着栏杆，背对着裁判。姑娘们穿着性感的短装，露出了她们修长美丽的大长腿和曲线优美的后背。裁判们在看不到姑娘们脸的情况下，公平地按照腿的优美程度打分。这个场景来源于 20 世纪 40 年代美国纽约的一场美腿大赛。当时，一些丝袜厂家为了推广自己的产品，赞助各种各样的女子美腿大赛，由获得美腿冠军的姑娘穿上丝袜做广告，取得了非常好的商业效益。

女子长筒丝袜的流行，最初的原因是尼龙的发明。1935 年 2 月，美国杜邦公司的卡罗瑟斯等人，发明了可以制造服装面料纤维的"尼龙66"。这种在中国被称为锦纶纤维的东西一经面世，杜邦公司就开始用它来制作袜子等衣物，想在一夜之间大发横财，但没有想到却迎来了当头一棒。当地的《华盛顿新闻》爆出一则令人毛骨悚然的新闻，说尼龙的生产很可能使用了从人类尸体当中提取的某种物质。原来，杜邦公司的竞争对手查阅了相关专利材料后，发现锦纶的原料中有一种物质叫作"六亚甲基二胺"，这种物质和一种被称之为"尸胺"的物质结构非常相似，而尸胺一般都是从腐败的尸体上提取出来的。因此，这些竞争者就告之民众说，穿着尼龙服装相当于把尸体穿在了身上。

在巨大的压力面前，杜邦公司调整了竞争策略，开始一边大力宣传尼龙材料本身具有的弹性好、结实等优势，一边科普利用煤焦油、空气和水按照化学工业的标准一步一步生产出来尼龙，根本与尸体无关。杜邦公司一边对抗谣言，一边于 1938 年 10 月在特拉华州西福德（Seaford）建立一座生产工厂，开始工业化低成本集中生产袜子中的极品——丝袜。

提起丝袜，很多人想不到拥有使用权的并非女性，而是男人。在15—16世纪的西班牙，据说当时男人穿丝袜是为了凸显肌肉线条，让自己的大腿更显粗壮，还有防止静脉曲张、促进血液循环的作用。在莱昂·杰罗姆的《在凡尔赛宫为孔德亲王行接见礼》中，五颜六色的彩色丝袜令人眼花缭乱。到了16世纪末期，欧洲贵妇们也开始穿起了丝袜，男人们才从自己穿变成了用欣赏的眼光来看女性穿丝袜。

>>> 丝袜是展示女性美的
最佳拍档

杜邦公司生产的尼龙丝袜上市后，知名度还不是很高，也没有获得很大的关注。杜邦公司就要求全公司的女秘书都必须穿上它来上班，再搭配上强大的广告效应，大众舆论的口碑相传战胜了谣言，一时间成为当年最时髦的服饰。1939年，杜邦公司携带用这种合成纤维织成的丝袜两次参加了世界性的商品展览会，尤其是在1939年10月24日，在特拉华州杜邦公司总部所在地的一次公共出售活动，引爆了销售现场，混乱的局面迫使治安机关出动警察维持秩序。1940年的一天，尼龙丝袜创下全球丝袜的销量纪录，72000双被抢购一空。尼龙丝袜从此一炮而红，成了女性的必备性感装备。

20世纪30—50年代，为了让丝袜更深入人心，丝袜厂商经常会赞助举办美腿大赛。成年女性才可以参加，所有选手都只能露出两条丝袜腿和高跟鞋。比赛第一名的女神可以终生用折扣价在他们店内买丝袜。

>>> 美国多人举办和丝袜有关的美腿大赛

第二次世界大战开始后，尼龙用于降落伞、滑翔机、拖绳和飞机油箱的制造，尼龙材料的供不应求使得丝袜生产陷入瘫痪。"珍珠港事件"后，一双丝袜的价格竟被炒到 3000～4000 美元。那时候，想要穿上一双新的尼龙丝袜，恐怕只能花高价在黑市购买了。买不起尼龙丝袜的女性干脆将她们的腿涂成尼龙袜的样子，否则她们不

>>> 20 世纪 30—50 年代，丝袜厂商经常会赞助举办美腿大赛

知道该如何出门应酬。专用的丝袜涂抹液也应运而生，在腿上薄薄地涂抹一层，并用黑色眼线笔在后面画上一条缝线，从而以假乱真。一时间，手绘尼龙丝袜竟然成为一项颇受欢迎的产业。

尼龙丝袜的发明是丝袜史上的里程碑，但其最大的缺陷就是缺乏弹性。1937 年，德国的拜耳公司发明了聚氨酯甲酸酯纤维，也就是大家常说的氨纶，美国杜邦公司于 1959 年也研制出自己的氨纶技术，并开始工业化生产，商品名称为莱卡（Lycra）。这种纤维弹性极好，相比尼龙高 4～7 倍，拉长 3 倍后可以快速回弹到原来的长度，其伸长率高达 500%～800%。现在，丝袜基本上都是用氨纶制造，延续着尼龙创造的美体奇迹。

小文胸里的大文章

和丝袜相比，文胸是女人更加离不开的私密朋友，也是男人眼中充满惊喜的风景。不过，在不同的时代，女性的胸部有时要用布料等东西一层层裹藏到深不可见，有时又被暴露得一览无余。而胸罩的出现，不仅解放了女性的胸部，更重要的是改变了整个人类的审美惯性，也是女性思想进一步解放的体现。

因此，百余年来胸罩的发展史，在承载着女性健康观念变化的同时，也折射着各类服装文化和社会文明的进步。早在2000多年前，在古罗马陶制器皿的图案上，绘有一位女体操运动员，她身穿短小的三角裤，上身围着一种半遮乳房的"胸带"，这是迄今所知最原始的文胸。但这种文胸并没有流行开来，此后的世界各地女性大多穿戴一种紧身胸衣，用来托住乳房，束紧腰身。但是，随着社会的进步，妇女们开始越来越多地走出家门参与社会活动和劳动生产，身着紧身衣越来越不方便，属于文胸的时代出现了。

根据华莱斯·雷伯恩写的《挺起胸膛：沃托·提兹林发达史》一书，文胸是一个名叫沃托·提兹林的人发明的。这本书宣称，提兹林在其助手汉斯·德尔文的帮助下，于 1912 年为一名瑞典运动员设计了文胸。但是，这种说法受到了不少人的质疑，没有得到业界普遍认可。

另外一个关于胸罩来历的故事记载在英国的塞西尔·圣劳伦特的《妇女内衣发展史》一书中。最早的胸罩是美国的玛丽·菲尔普斯·雅各布在 1914 年发明的。该书还写道："女性感到戴上胸罩便于劳动，胸罩就这样逐渐普及开来。"

玛丽发明的胸罩得到业界的认可。她是发明世界上第一艘轮船的罗伯特·富尔顿的后代。据说她写了一本名为《热情洋溢的年代》的书，宣称"我确信我对发明的热情，是他（富尔顿）传给我的。我不能说在发明史上，胸罩能够占据轮船那么重要的位置；然而，我的确发明了胸罩，而且我在这方面一直都在进行不懈的努力。"

玛丽发明胸罩的过程纯粹是女孩子对美追求的体现。1910 年的一天晚上，19 岁的玛丽正准备参加一个舞会，为此她特意买了一条极尽纤薄的纯丝舞裙。不过在试衣服时出现了问题，当时女孩子穿的紧身胸衣都用鲸鱼骨收紧，这种硬邦邦的内衣显然同丝裙极不搭配。玛丽需要的是一种既能烘托身材，又便于穿着的新式胸衣。急中生智，玛丽突然间想出了一个绝妙的主意。她让女仆帮忙，两人一起用两块手帕、一些丝带和细绳，设计出了一个只能遮住胸部的微型"胸衣"。

穿着这件小胸衣，玛丽度过了一个愉快的夜晚。她十分感激这件衣服，却又觉得美中有不足，于是，她又不断地改良，使之更加贴身、舒适，最终她设计出了一种带有硬杯罩和肩带的新内衣。这件新内衣既轻又软，能很好地支撑女性胸部。1913 年，玛丽为自己的发明申请了专利，并注册了一个叫瑞丝·可丝比的商标，世界上的第一件文胸正式诞生。

作为上流名媛，玛丽志不在经商。两年后的 1915 年，玛丽就将文胸这一发明的专利权以 1500 美元的价格，卖给了华纳兄弟紧身胸衣公司。这笔钱只相当于今天的 25000 美元，确实少得可怜。后来的几年时间里，华纳公司从文胸的销售活动中获得了高达 1500 多万美元的收入。到了 20 世纪 30 年代，华纳兄弟公司将胸罩分为 ABCD 四种罩杯，A 罩杯为少女型，普通女性为 B 罩杯，C 罩杯为大号，D 罩杯为特大号型。如今，这套体系仍在全世界范围内供女性挑选文胸时使用。

尽管玛丽以低价出售了自己的发明，但这并不意味着她没有意识到自己发明的价值。她曾将自己的文胸同罗伯特·富尔顿的蒸汽船相提并论，"发明文胸或许不像发明蒸汽船那样能改变世界，但也差不多"。对今天的人们来说，蒸汽船的发明或许已是一个遥远的故事，但文胸仍是每个女性衣柜中必不可少的物品。

到了 20 世纪 30 年代，随着资本主义社会从经济危机中复苏，由好莱坞影星们引发的时尚，极大地推动了市民享乐文化的形成，尤其是上身戴胸罩、下身穿短裤的泳装，展示了胸罩的魅力。胸罩终于为女性们喜爱和接受。更为重要的是，随着合成纤维工业的发展，文胸的材料也在发生巨大的变化。纯棉的文胸易生褶皱，早已成为历史。女孩子们喜欢那种将棉质和各类合成纤维混纺的材料制成的小罩杯的文胸。而随着锦纶、氨纶等更有伸缩性的纤维的引进，文胸获得更加贴身和抢眼的可视感，再配以各式各样漂亮的蕾丝，达到了美轮美奂的境地。而海绵、无纺织物等填充材料的出现，让那些小胸形的女性有了便捷丰胸之术，她们可以通过选择海绵等文胸填充物的大小实现胸形的改变。

除了生活中的文胸之外，原料的进步还让很多功能性文胸惊艳面世。据美联社报道，乌克兰科学家艾琳娜·博德纳在经历了 1986 年的切尔诺贝利核泄漏事故以后，设计出一款"防毒文胸"。这种文胸随时随地可以摘下来扣在嘴上当作防毒面具。凭借这款"防毒胸罩",她获得 2009 年"搞笑诺贝尔奖"的公共健康奖。博德纳在发表获奖感言时说:"普通女人仅用 25 秒就能使用这款个人保护装置。5 秒钟脱下来,转换成自己的防毒面具,剩余 20 秒钟琢磨该去救哪个幸运的男人。"

>>> 可以当防毒面具的"防毒胸罩"

从人造乳房到丰胸术

胸罩是健康女性的锦上添花之物，但是对于一些胸部残疾或因胸部疾病留下残缺的女性来说，就需要另外一种人造胸部来享受美丽。芭比娃娃的设计者露丝·韩德勒女士，让人们知道了新型纤维材料对女性呵护的价值。

>>> 露丝·韩德勒和娃娃们在一起

1970年6月16日，露丝因胸部有硬块，最后做了活组织的切片检查，最终被确诊患了癌症。手术之后，她不仅失去了左侧的乳房，胸肌和腋下的淋巴结也被切除，这给她造成了永久的肌肉和神经损伤。

手术后 5 个星期，露丝虽然可以回去工作了，但癌症也给她的身心造成了巨大伤害，经常以泪洗面。她曾一度以自己姣好的身材为荣，现在却发现自己脸部肌肉已经松弛，并且平添了很多深深的皱纹，眼睛下面也出现了眼袋，正在变得丑陋，没有女人味。就连她的衣着也失去了往日的色彩和时尚元素，纽扣一直扣到了脖子底下。为了掩人耳目，她还专挑肥肥大大的衣服来穿。

1970 年，为了恢复胸部外观的美丽，露丝和丈夫艾略特一起到百货商店购买了两个人造乳房。那两个圆不咕咚的东西，露丝费了一番周折后，才把它们塞进乳罩之中。之后，露丝又去了其他几家百货公司买了几只人造乳房，但发现它们几乎同样丑陋，让佩戴的女性毫无尊严可言。露丝觉得"戴人造乳房比手术本身还令人感到难过"。正是这种经历让露丝头脑中升起了设计更适合女性穿戴、更能让女性漂亮并充满生活信心的人造乳房，帮助"乳房切除者"逐渐摆脱乳房切除带来的羞辱感，恢复从前的美丽。

露丝认为，过去的人造乳房都是男人设计的，他们没有意识到女性乳房就像双脚一样是分左右的。另外，以往的人造乳房都相对比较重，戴着它的人肩膀会一头高一头低，凡是戴了人造乳房的妇女大抵一眼就能被人看出来。更为重要的是，那些人造乳房看起来制作得相当粗糙，毫无美感可言。鉴于此，露丝要求自己的开发团队，设计出来的人造乳房要能够达到以假乱真的效果。

露丝先期生产了 80 个人造乳房，左、右各 40 个。为了符合人体的特点，这些乳房在顶部和两侧都逐渐变细，而且和乳罩一样共分为 32～42 不同尺码，罩杯也根据大小不同分别由 A 到 D 标示。露丝发明的人造乳房之所以能够成功，主要取决于合成纤维材料和聚酯材料的进步。在设计中，露丝坚持要自己生产的乳房带有胸壁，能够跟身体自然地贴合。为了

减轻重量，她还选用了事先打磨好的泡沫作为乳房的中心。同时，为了让乳房的外观和手感都更自然，所用的泡沫跟芭比娃娃用的泡沫类似，泡沫周围采用密封起来的硅油，而不是传统的凝胶。乳房的最外层用的是聚氨酯薄膜，这种薄膜轻柔无味且不粘连，贴肤穿十分舒适。

人造乳房做好后，下一步开始向市场推销。她设计宣传手册，选择了"出自一个女人之手的最好人造乳房"作为宣传口号。在商场推广产品时，她先是向众人介绍自己接受乳房切除手术的经过，借此揭开了人造乳房的神秘面纱，并指出自己的目标是要让与自己一样的乳腺癌患者重新获得人们的尊重。讲完这段尴尬的经历后，露丝突然将腰板一挺，让众人看到她胸前明显的完美曲线和色彩艳丽的上衣，然后对大家说："它毕竟不是我原来的，但在目前的情况下，它却最能体现我的本来面貌。"

>>> 露丝（中）与家人在一起

有次，她还邀请了一位男士到面前，把他的手放在自己的乳房上，让他随便挤压，然后让大伙猜哪个乳房用的是假体。到了产品展示环节，她干脆将上衣扣解开，露出整个胸罩。这一次，露丝又一次不仅带来了一个产品的革新，更是开拓了这一产品新的营销方式。1977 年 4 月，美国《人物》杂志上刊登了露丝的照片。照片中，她的上衣大开着，脸上洋溢着灿烂的微笑——这就是人造乳房最好的广告。

在露丝之后，胸部有缺陷的女性对美胸的追求，随着科学技术的进步愈加深入，最为突出的就是丰胸术的发明，不过，这种技术已经从美容领域进入了医学领域。现代第一例丰胸术发生在美国，1889 年，维也纳医生罗伯特·葛苏尼用液体石蜡直接通过注射的方法注入乳房内隆胸，并进行了报道。在此以后用注射器将消毒的液体石蜡直接注射隆胸的方法曾十分盛行。20 世纪 40 年代后，在日本和美国有人开始用液态硅胶注入乳房内隆胸。

1959 年，美国整容医生托马斯·克罗宁（Thomas Cronin）、弗兰克·杰罗（Frank Gerow）将袋状硅胶注入生理盐水，从而研制出了世界上第一对硅胶假体，并在 1962 年首次实施了丰胸手术。1964 年，克罗宁和杰罗正式倡导用硅凝胶充注硅胶囊的假体填充乳房，因不良反应少、质感可以假乱真而被推广。数十年来，随着新材料的频频出现，各种丰胸方法层出不穷，女士们找到了美丽的感觉，同时也背负着副作用的阴影。

不管是真胸还是假胸，丰满且美才是推动丰胸技术与材料进步的"真凶"。但事实是，不管丰胸技术如何进步，都似乎无法一朝手术、终身拥有，就连 21 世纪以来逐渐兴起的微整形——玻尿酸或自体脂肪注射丰胸，也仍然有很多失败案例。值得钦佩的是，材料变来变去，女性对美的追求似乎永不改变。

涂鸦有料

缤纷多彩的有机涂料

　　涂料和颜料在生活中触目皆是，大到海洋中横行的航空母舰，小到女孩子指尖的纤小指甲；从户外大大小小的各类建筑外墙和壁画，到家中各种木料和金属制成的家具，变幻着的赤橙黄绿青蓝紫，无不是各种涂料留下的绚丽彩妆。可以说，是涂料将世界从一片灰蒙蒙中拯救出来，成就了一个缤纷多彩的新世界。

Petroleum Stories

8000 年生漆和百年合成树脂

相传在春秋战国时期，俞伯牙在南方楚地取材制琴。一天，在树林里发现一种漆树，他割下树身上流淌的黏液，经熬制后刷在琴身上，结果他发现琴不但外形美观，音色也更具美感。后来，俞伯牙通过这张独具特色的琴而名扬天下，成为一代音乐大师。后人从中受到启发，尝试将这种树液涂在器皿或生活用品上，这便是漆器的开始，俞伯牙也被后人尊称为油漆祖师爷。

但是，经过考古学家们的辛苦工作发现，中国的生漆艺术在春秋之前就已经出现并成熟地应用了，远在俞伯牙之前。

2002 年，位于杭州市萧山区的跨湖桥遗址出土的一柄漆弓，又将中国漆器的起源提前到距今约 8000 年。无独有偶，2021 年，浙江省文物考古研究所与浙江大学文物保护材料实验室，在井头山遗址出土的两件木器上也发现了 8000 多年前的生漆涂层。这些考古发现证明，中国是世界上最早使用天然成膜物质制作有机涂料的国家。

>>> 跨湖桥遗址出土的一柄漆弓

到了商代，中国先民就开始用这种天然生漆装饰宫殿、庙宇和各种器具。春秋时期，又开始熬炼桐油来制造用于船舶等器物的防水涂料。而到了战国时期，就开始将桐油和大漆搅拌在一起，复配出了一种功能性更强的新涂料。后来，这种技术陆续传入朝鲜、日本、东南亚和欧洲各国，为世界各民族的百姓生活增添了美好的色彩。可以说，人类对涂料的发明与运用，体现出了人类对艺术和幸福人生的追求。

但是，到了近现代，由于溶剂型调和漆的出现，中国的生漆涂层技术因原料较贵，生产工艺复杂，明显地落在后面。这个时候，也就是在 19 世纪左右，欧美国家的涂料生产开始摆脱手工作坊的状态，相继建立了专业的生产工厂，涂料工业开始成熟起来。调和漆遮盖力强，耐久性好，施工方便；但缺点是气味大，而且干燥慢，加之使用的溶剂中含有的苯、甲苯、二甲苯以及重金属等污染物，对环境有一定的危害。在 20 世纪六七十年代，中国很多百姓家中涂刷家具的油漆基本是这种调和漆。

知识链接

调和漆

在不加颜料的清漆基础上，加入无机颜料制成的一种色漆。因漆膜光亮，各种调和漆平整、细腻、坚硬，外观类似陶瓷或搪瓷。调和漆分油性调和漆和磁性调和漆两种，用干性油、颜料等制成的叫作油性调和漆，用树脂、干性油和颜料等制成的叫作磁性调和漆。

让世界涂料工业再次发生变革的是让涂料成膜物质发生根本变化的合成树脂。1855 年，英国人 A. 帕克斯申请了用硝酸纤维素制造涂料的专利后，建立了世界第一家生产合成树脂涂料的工厂。到了 1909 年，美国化学家贝克兰发明了酚醛树脂之后，德国人 K. 阿尔贝特在此基础上开发出了一种酚醛树脂涂料。当时，硝酸纤维素涂料和酚醛树脂涂料在欧美很多地区广泛地应用于木器家具的涂刷。

合成树脂涂料的新突破来自美国通用电气公司的 R.H. 基恩尔。1927 年，他发明了用干性油脂肪酸制备醇酸树脂的工艺，醇酸树脂涂料迅速发展为当时一种世界主流的涂料品种。后来，随着合成树脂工业的飞速发展，用于汽车、建筑和家庭房间涂刷的多种新涂料被开发出来，包括橡胶类涂料、乙烯基树脂涂料、聚酯涂料和环氧树脂涂料等。尤其是环氧树脂涂料，在电气绝缘、防腐涂料、金属结构的粘接等领域的应用有了突破。目前，合成树脂涂料已占世界涂料总产量的 80%。

知识链接

环氧树脂

指分子中含有两个以上环氧基团的一类聚合物的总称。以环氧树脂为主要成膜物质的涂料就是环氧树脂涂料。以固化方式分类有自干型单组分、双组分和多组分液态环氧涂料；烘烤型单组分、双组分液态；粉末环氧涂料和辐射固化环氧涂料。以涂料状态分类有溶剂型环氧涂料、无溶剂环氧涂料和水性环氧涂料。

随着涂料工业的飞速发展，涂料种类不断增多，应用领域不断扩大，尤其是各种功能涂料的出现和迭代发展，不仅让人们享受到了五彩缤纷的生活之美，也体会到了很多安全与便捷。这种进步主要源于合成树脂业的发展，为涂料生产提供了多种多样的成膜物质的原材料，使涂料工业摆脱了依靠天然资源的处境，成为现代石油化工合成材料的门类之一，为大家提供了更多更好也更廉价的涂料品种。

房子上的沥青和乳胶漆

　　1958 年，中共中央召开北戴河会议，决定在首都北京建设"十大建筑"，以展现新中国的辉煌成就。其中列为"十大建设"之首的人民大会堂，由周恩来总理亲自主抓。工程要求在十个月之内建成，时间短，任务重。

　　不管是百姓搭个蜗居还是国家建个礼堂，做好防水不让它漏雨受潮，都是一件十分重要的工作。防水技术可能并不难，但却不可或缺。人民大会堂这么重要的建筑也同样如此。人民大会堂 60 米跨度的屋盖，包括钢屋架和大型屋面板，上面加五层油毡防水。这种油毡就是由 20 世纪中期经常看到的"油毡纸"改进而来，它是用麻布或玻纤布代替了平常的纸胎，同时用废轮胎改性沥青作涂层生产的防水片材。这种防水材料确保了人民大会堂经过多年风雨仍然安然无恙。

››› 油毡纸

油毡纸是世界建筑史上最为常用的一种防水片材。1909 年，法国索普瑞玛公司的创始人查尔斯·盖森，将黄麻布浸泡在热沥青中，制成了一种固定、轻型的防水片材。他能想出这样一个办法来，也是在先人数百年应用沥青作为防水材料的经验中变通出来的。例如，古巴比伦的空中花园就是用沥青来防水、密封并作为黏合剂。因此，他的发明是历代应用经验积累的结果。这种片材一出现，由于富有弹性又方便运输，改变了沥青防水材料的施工方法，受到了世界各地的欢迎。但是，用沥青熬制去浸纸料，毕竟对环境有一定的影响，现在世界上用这种材料的国家已经极少了。取而代之的是更环保、更方便，也更美观的合成树脂新型涂料。

>>> 仍在使用的
沥青瓦

涂料应用于建筑行业，并不仅仅是防水。随着现代家庭纷纷搬入楼房居住以后，涂料的装饰、防腐、隔潮等作用更加凸显出来。以室内装饰为例，如何让家里更美观、更明亮，选择什么样的涂料至关重要。年龄大一些的人肯定会想到多年以前一种粉刷涂料——石灰粉。石灰粉和水混合后再加些盐，就成了刷墙的一种涂料。这种方法在中国是一种非常古老的墙面装修技术，可以为墙面创造出浅浅的质感，使墙面与周围空间融为一体。但石灰粉料存在防潮性差、涂刷不方便、牢靠性不足等缺点，因此在大多数地区都已经不再使用。现在最常用的室内装饰材料，毫无争议地是人们最为熟悉、应用最广泛、名声也最大的乳胶漆。

乳胶漆绝大多数呈液体状态，进行涂刷并干燥后，在被涂装的建筑物表面形成一层固体的涂膜，所以成膜物质是涂料里最主要的成分。成膜物质为合成树脂乳液，以水为分散介质，加入颜料、填料和助剂，经一套较为复杂的工艺才能制成。与其他涂料相比，乳胶漆具有环保、施工方便、涂膜干燥快、透气性好、耐水性好等优点。不足之处是施工温度要在5℃以上；干燥成膜受温度、湿度影响较大，且干燥时间较长。但是乳胶漆比较娇气，怕冷，在运输储存时温度要在0℃以上，否则容易冻坏。

聚合物为主的成膜物质是涂料的重要组成部分。从某种意义上说，聚合物的发展水平代表了涂料的发展水平。同样，聚合乳液是乳胶漆的关键组分，聚合乳液的发展情况就成为乳胶漆发展过程的缩影。第二次世界大战期间，深陷战争泥潭的德国十分缺少橡胶和涂料，这迫使德国的科学家进行了乳液聚合理论研究，并取得了重大进展，从而为合成乳液并进而生产出乳胶漆奠定了理论基础。在这种理论指导下，德国试制出了丁苯乳胶漆。但这种乳胶漆纯粹是一种试验品，性能远不如当时广泛使用的溶剂型涂料。但它的成膜物质是不溶于水的合成聚合物，只是以微粒的形式分散于水中，所以干燥成膜后，涂膜也不溶于水，且保留了一定的毛细孔，因此具有疏水透气性，加之具有无毒无味、安全环保的特点，预示了其长远的发展前景。

1953年，美国一家公司在世界上首次推出100%纯丙烯酸乳液，应用于乳胶漆的生产，并第一次在外墙涂装工程中开始使用该产品。自此，乳胶漆这种工艺慢慢地传遍了世界，在家庭内外墙装修中很受青睐。随后，纯丙烯酸乳液、醋酸乙烯-乙烯共聚乳液和醋酸乙烯-叔碳酸乙烯共聚乳液的研究取得进展，并应用于涂料工业中，使乳胶漆的品种不断丰富。

>>> 涂上乳胶漆的建筑缤纷多彩

　　进入 20 世纪 70 年代，由于环境保护法的强化，溶剂型涂料受到了各国限制，更加环保的乳胶漆得到了更广阔的发展空间，开始向着功能更强、成本降低、挥发性近零的环境友好型方向发展，不断地蚕食着溶剂型涂料的固有领地。尤其是在建筑内墙涂装方面，乳胶漆几乎独占鳌头。在建筑外墙涂装领域，乳胶漆也已成为龙头老大。在防水涂料、防火涂料、工业涂料和维护涂料等领域，乳胶漆也有非凡表现。

　　事实上，建筑涂料除了防水和装饰房间外，还有很多功能在帮助我们过着美好的生活，如防止雨水和地下水渗透进建筑物的防水涂料，可阻止火灾迅速蔓延或提高基材的耐火极限的防火涂料，有创造洁净环境、防止地坪起尘的地坪涂料，以及对建筑物内外墙起到装饰作用的墙面涂料等，正是这些建筑涂料，让人们的生活环境更加美观和安全。

汽车也要穿衣裳

古谚云"人靠衣裳马靠鞍"，到了汽车时代，又有了"人靠衣妆车靠漆"之说。据统计，目前全部损坏的车辆中，有50％是由于腐蚀所致。腐蚀不仅影响汽车外观，同时也会导致汽车零部件强度下降，从而使汽车的使用寿命大幅缩短。因此，利用覆盖在车身表面的油漆涂层保护爱车是涂装技术要实现的第一目标。另外，涂装还有装饰的功效，通过颜色的变化给现代汽车穿一件美丽的外装，能充分体现轿车的精品档次，增添个性。

70多年汽车涂料的演变历程，体现出了人们对汽车美学的不同追求。从1806年卡尔·本茨研制出第一辆汽车至1923年，汽车上的涂层均选用亚麻籽油、松油、凡立水、炭黑等天然物质配制而成，车漆以黝黑的黑色为主，没有什么美丽的质感可言。当时的涂刷方法也很落后，用刷子一道一道地涂在汽车表面，油漆一辆车需要两周至一个月的时间，严重限制了汽车的大批量生产。最要命的是，这种车漆的寿命很短，只有两三年。

···知识链接

车身涂层

一般情况下由底漆（电漆）、中涂层、色漆层和清漆层构成。色漆层和清漆层构成了面漆。色漆层的主要作用是装饰，使车身美观好看。清漆层处于涂装的最外层，其主要作用是防紫外线、防水的渗透、保色、耐酸雨、抗划伤等。

>>> 美国汽车工人在涂漆

>>> 库房中等待油漆
干燥的汽车

知识链接

硝基漆

　　一种常见涂料，成膜物主要以硝化棉为主，配合醇酸树脂、改性松香树脂、丙烯酸树脂、氨基树脂等软硬树脂，并添加邻苯二甲酸二丁酯、二辛酯和氧化蓖麻油等增塑剂组成。溶剂主要采用酯类、酮类、醇醚类等真溶剂，醇类等助溶剂，以及苯类等稀释剂。

　　1924年，美国一家公司研制出了世界上第一种可以使用喷枪喷涂的汽车漆——硝基漆。这种车漆以硝化棉为主要原料，加入合成树脂、增塑剂、溶剂与稀释剂调和而成。硝基漆最大的优点就是干燥快，2个小时左右就能干燥，大大提高了涂装速度，加快了汽车批量生产的速度。硝基漆以其干燥快、装饰性好、具有较好的户外耐候性等特点，并可打磨、擦蜡上光，以修饰漆膜在施工时造成的疵点等独特性能，非常畅销。

硝基漆也有缺点，在潮湿环境下喷涂，涂膜容易发白，失去光泽。成型的漆面对石油基溶剂的抗腐蚀性较差，如汽油就会损坏漆面，加油时漏出的油气会加速周围的漆面老化，因此，人们对这种车漆并不满意。

>>> 美国汽车巨头亨利·福特开启了汽车工业生产的流水线时代

>>> 用喷枪喷涂汽车

1929 年，美国一家公司推出了一种用醇酸树脂制成的醇酸磁漆。醇酸磁漆是由醇酸树脂、颜料、助剂、溶剂等经研磨调配而成的一种工业油漆涂料，具有更好的光亮度和耐久性，广泛用作汽车等各种钢铁设施表面涂装底漆。醇酸涂料不但干燥速度快，而且耐受汽油等溶剂，但它怕晒，在阳光下漆膜容易氧化，颜色会变暗。1935 年，杜邦公司首先推出了汽车漆调色系统，车漆色彩更加丰富、层次感更强，打破了由原先的黑色汽车漆一统天下的局面。

此后，汽车漆的发展日新月异，丙烯酸快干漆、氨基高温烤漆、聚氨酯高温烤漆、双层烤漆和热固型丙烯酸漆以及多种水性涂料相继出现，使汽车涂层家庭成员日趋壮大，让汽车颜色更加丰富、稳固和环保。在这一过程中，珍珠漆和金属漆十分引人瞩目。

知识链接

热敏漆的变色原理

热敏漆的变色基于化学反应进行。当温度达到一定阈值时，热敏树脂分子结构中的特殊基团会发生分解，导致分子结构变化，从而使得涂料呈现出不同的颜色。

最早曾有人把研碎的鱼鳞和铜粉加入油漆，以使光线能够靠这些碎片反射出来，以达到闪烁的效果，但效果不太理想。在 20 世纪 70 年代，科研人员发现细薄的铝片加入油漆后，闪烁效果非常好，并可以使正、侧面颜色深浅不同。这种发明随即被工业化并越来越多地用在汽车上，这就是金属漆。金属漆改变了传统漆颜色单调的缺点，从不同角度观赏爱车都会有闪闪发光的效果。

1997 年，美国的一家公司成功地推出变色珍珠汽车涂料。这种涂料采用半导体合成工艺，将 5 层透明的金属氧化物叠合起来，使一层油漆在不同角度下会变成红、蓝、绿、紫、橘等多种颜色，这种高科技变色珍珠涂料掀起了汽车颜色的又一场变革。

　　随着各国对环保的日益重视，20 世纪末，汽车涂料开始转向水性漆，并开始使用可回收的汽车隐形车衣。此外，一种正在研发的热敏漆就十分值得期待。热敏漆是一种基于热敏树脂材料制成的特殊涂料，它在一定的温度或辐射条件下，能瞬间改变颜色。不远的将来，你的爱车冬天是白色，而到了夏天，就有可能是红色。

>>> 现代化的自动化汽车生产线

涂装让战机又美又能打

曼弗雷德·冯·里希特霍芬是第一次世界大战时期德国的王牌空军飞行员。1916 年 9 月 17 日他第一次驾机升空，便击落一架英国战机，因此声名鹊起。人有了名气想法就会丰富多彩，他以纪念曾服役过的德国第一枪骑兵团为由，决定把自己驾驶的"信天翁Ⅲ"双翼战机部分涂装成血红色，原因第一枪骑兵团是一支以血红色为标志的部队，他也因此被称为"红男爵"。

>>> 曼弗雷德·冯·里希特霍芬

这种红色的涂装让友军可以很好地识别。因此，他的行为引起了很多队员的效仿，没过多长时间，德国空军就拥有了一支血红色的空中编队。在第一次世界大战时的西部战场上空，血红色机群犹如一团团熊熊烈火，一出现就产生极大震慑力。里希特霍芬不无自豪地在自传中写道："无论出于何种原因，有一天我突发奇想将座机漆成耀眼的红色，结果每个人都不禁被它吸引。"

后来，德军利用"红男爵"影响力，把大量的战机涂成血红色，极大增强了对敌方飞行员的心理压力。不管是里希特霍芬运气不错，还是他驾驶技艺高超，"红男爵"和他的战机成为协约国空军最显眼的空中目标。1918 年

>>> 里希特霍芬驾驶过的福克 Dr.1 三翼机复刻版

4 月 21 日，他在索姆河上空执行任务时阵亡，年仅 25 岁。在德国，他被公众称为红色飞行员，而在英国的宣传中则被叫作"红男爵"。

这位德国头号王牌飞行员在空中的招摇并没有得到其他国家空军的认可，大多数飞行员都渴望通过避免被对手发现来求得空中格斗的主动权。对飞行员来说，仰望天空时，浅蓝色或灰色涂装飞机比黑色或深色飞机更难以被发现；俯视地面时，绿色或棕色的飞机很难识别。因此，大多数军用飞机的下表面被涂成浅色，上表面被涂成了棕色或绿色。

战机涂装是指在战机表面涂上一些油漆等材料，以满足某些特定需求。战机涂装主要有辨识类涂装、伪装类涂装、演示类涂装。涂装的主要作用是保护飞机蒙皮、更好地识别友军，并利用一些图案震慑对手。

1937 年，机载雷达在英国诞生。但这时的雷达还比较落后，在观察空情时，很大程度上仍然依靠目视识别飞机的型号和涂装，才能区别敌我。

但是，为了更好地隐蔽自己，尽量不让对手发现，战机涂装开始根据季节、地域、机种和任务不同，采用不同的涂装。

第二次世界大战时，军用飞机涂装技术得到了很大发展，并形成了一定的色彩体系，几乎每种军用飞机都使用了上表面绿色／棕色和下表面白色／浅蓝色或灰色的涂装，用于海上作战的飞机通常漆成白色或灰色。不过也有特别花哨的涂装，例如，在远东战场大家所熟知的飞虎队，在战斗机头部绘制了鲨鱼头标志。据说这样做的目的是恐吓日本飞行员，因为日本人属于海洋民族，对鲨鱼又崇拜又惧怕。此时，用涂装展开心理战，也已经在空战中广泛使用。

>>> 涂装战机

第二次世界大战期间最能鼓舞士气的要数那些涂有美女及家人画像的战机。"孟菲斯美女"最负盛名，一直到战后仍然被很多人津津乐道。1942 年 9 月，美国陆军航空兵 91 轰炸机群机长罗伯特·摩根上校接收了一架 B-17 轰炸机。此时，摩根上校正深爱着一位来自田纳西州孟菲斯的美女。飞机在涂装前，摩根上校想起了《绅士杂志》上一位身穿泳衣、身材火辣的封面女郎。他经过拍摄者乔治·佩蒂联的同意后，将其喷涂在飞机机鼻，并将飞机命名为"孟菲斯美女"。摩根上校机组 14 人驾驶"孟菲斯美女"等飞机，飞行在欧洲战场上空。先后参加 25 次轰炸任务，击落 8 架德军飞机，而机身上的性感女郎一直毫发无损。

第二次世界大战期间，战机涂装出现了低可视度的概念，主要是由于机载雷达的深入应用。一些航空工业强国开始设计制造带有雷达的夜间战斗机，由于此时雷达体积较大，占用了较多的机头空间，因此普遍采用双发布局或直接采用轻型轰炸机改装。为掩饰相对巨大的飞机体积，普遍采用在夜间更难以识别的黑色或深色涂装。

1944 年诺曼底登陆时，数千架盟军战机集结在一起支援，多个国家的战机如何识别敌我成为新的挑战。有人甚至直言，当时真正的威胁并不是德国空军，而是友军的自相残杀。为了减少认错敌友这种情况发生，涂装术再次发挥作用——每架战机都在机翼和机身涂上大面积的黑白相间的"入侵条纹"来标明自己的盟军身份。

冷战时期，战斗机因喷气动力化而飞得更高、更快、更远。此时迷彩涂装的效果已经不再显著，各国战机大量采用无喷绘的金属原色，达到了在平流层中被阳光遮蔽、减弱的视觉效果，因此，各国战斗机一时"裸奔"成风。不过在冷战时期，美国空军飞机仍然依靠对涂料技术的探索，不断在丰富的色彩中寻求安全感。美国海军舰载机通常使用蓝灰色斑块迷彩涂装，在光线最强的地方使用较暗的颜色，在阴影部分则用浅色涂装，

使整个飞机色彩偏差变小，提高隐身能力。

说来说去，战机能够在各个时期、各种环境和不同的国家，不断地变换颜色，都仰仗于涂料技术的进步。进入20世纪中期，由于合成树脂工业的发展，作为飞机蒙皮用的涂料不断被开发出来，硝基涂料、醇酸涂料、丙烯酸涂料、环氧涂料、聚氨酯涂料及氟碳涂料等，让飞机的耐磨性、耐紫外线、耐臭氧、耐雨蚀、耐老化、耐高低温等能力不断加强，有足够的能力应对在高空飞行过程中的各种复杂气候和环境条件，真正实现了"又美又能打"的目标。

>>> F-18舰载机

目前，战机涂装除了注重颜色、细节方面的变化外，更加看重涂料功能性的开发，因此出现了迷彩涂料、隐身涂料、隔热降噪阻尼涂料、高温部位耐温涂料、抗静电涂料、耐油涂料和防火涂料等，这些涂料的制造和应用，使得战机隐蔽性更强，发动攻击更加迅速、高效。

飞机涂装从战机发展到民航。在这个看脸的时代，很多航空公司为提高上座率和纪念某些特殊的时刻，开始在航班上用油漆和颜料画上吸人眼球的各色图案。

2015年9月26日，俄罗斯符拉迪沃斯托克，"老虎日"前夕，一架俄罗斯全禄航空公司波音747-400飞机的机头被绘成了西伯利亚虎（东北虎）的形象。2010年2月14日，日本东京，为纪念"哆啦A梦"诞生30周年，日本航空公司推出画有"哆啦A梦"机器猫卡通形象的波音777-300特别涂装客机。中国海南航空则推出了"功夫熊猫"系列涂装飞机。民航飞机不上前线打仗不需要有凶悍的色彩，但一定要美，这已经是众多航空公司的共识。

>>> 涂装客机

壁画创作中的丙烯山水

知识链接

丙烯

　　石油化工基本原料之一，可以用于生产丙烯腈、环氧丙烷、异丙苯、环氧氯丙烷、异丙醇、丙三醇、丙酮、丁醇、辛醇、丙烯醛、丙烯酸、丙烯醇、丙酮、甘油、聚丙烯等多种有机化工原料，还可以用于生产合成树脂、合成纤维、合成橡胶及多种精细化学品等。

　　在北京首都机场第一航站楼第三层，悬挂着一幅高 3.4 米、宽 27 米的巨型壁画——《泼水节——生命的赞歌》。壁画创作于 1979 年，描绘了云南傣族泼水节的欢乐场面。这幅画除了画面宏大令人震撼之外，创作原料上采用了当时极为少见的丙烯颜料。

>>> 泼水节——生命的赞歌（局部）

在合成树脂出现之前，在欧洲传统绘画中，画家普遍采用人工树脂类材料作为颜料的媒剂。15世纪，弗兰德斯的画家凡·爱克（Van Eyck）最先将油与树脂混合成一种特殊媒剂，用来调和颜料作画，从而开创了丹培拉绘画向油画过渡的时代，因其对油画艺术技巧的纵深发展作出了独特的贡献，被誉为"油画之父"。

合成树脂出现之后，因其透明性、稳定性和防潮防湿性都超过了天然树脂，欧美一些画家开始尝试将合成树脂用于绘画。这些树脂包括硝化纤维漆、酚醛清漆、苯酚清漆以及乙烯和聚乙烯类树脂等，但都没有成为绘画的主材，只是作为上光等辅助性材料。不过，丙烯颜料的出现，改变了这种局面。

丙烯颜料是一种聚合胶乳剂与颜色微粒混合而成的新型绘画颜料，主要成分为聚丙烯酸酯乳胶。丙烯颜料同时具备水彩和油画颜料的特点，具有色彩鲜艳、附着力大、干燥快、抗水性强等特点。可用于绘制多种类型的画，并能在塑料薄膜、布、纸、木、竹、贝壳、铅皮、水泥面等多种载体上作画。

丙烯材料与绘画颜料的结缘是在20世纪初时的德国，1880年，德国媒体首次报道了丙烯酸甲酯能聚合成硬质透明的固态物质；1901年，德国科学家奥托·罗姆（O.Rohm）发表了《关于软质丙烯酸酯聚合物》为主题的博士论文。这些理论上的探索最终推动了1914年他对丙烯酸酯聚合物作为橡胶代用品以及代替干性植物油，作为生产油漆的原料等进行了研究。1931年，美国罗姆－哈斯公司（Rohm & Hass Co.）开始工业生产丙烯酸、丙烯酸甲酯和丙烯酸乙酯。丙烯材料的工业化生产为丙烯在各个领域的应用创造了条件，也推动了绘画材料学科的发展。

丙烯颜料最早出现在20世纪30年代的墨西哥壁画运动中。20世纪后，画家西盖罗斯（D.A.Siqueiros）、奥罗斯科（J.C.Orozco）、里维拉

（D.Rivera）等人以墨西哥城为中心，掀起了轰动全美洲的墨西哥壁画运动。他们采用油彩、蜡绘、湿绘为实验素材，经过无数次的实验，绘制了许多气势磅礴、场面宏大的大型壁画。

1935年，西盖罗斯认为湿绘法已经不符合现代建筑有机形态的性质，为了开展墨西哥的户外壁画运动，应该在现代物理化学中寻找新的耐候性好、附着力强的黏合材料。于是，西盖罗斯再度去美国，在纽约建立了西盖罗斯实验工作室，对绘画新材料、新技法开始做进一步的研究。画家和科学家密切配合，先后对低氮硝化纤维素、聚乙酸乙烯酯乳液等作为媒介物进行了研究。

最终，他们研制出了一种可替代油画和湿壁画材料的新型壁画颜料，这种颜料干燥迅速、附着力强、能耐受紫外线照射而不易褪色，这就是丙烯颜料。丙烯颜料问世后，经过美国颜料公司（Benneyt Smith）一系列的破坏性测试，得出的结论是丙烯颜料是绘画领域迄今为止发明的耐久性最强的结合剂。

通常使用的丙烯颜料采用聚丙烯酸乳液为黏合剂，其本身是水溶性的，干燥后形成多孔质的膜，变为耐水性。色彩鲜艳、色泽鲜明、化学变化稳定，能重叠、柔软的颜料各层相互粘接，呈透明或半透明状，附着力强、耐候性好，并具有耐久性。丙烯颜料的出现无疑是绘画界的一场革命，它在很短的时间内就得到了画家们的认可，并很快地流行起来。

20世纪50年代开始，丙烯绘画迅速在北美流行起来，并从壁画逐渐向其他领域扩展，最终成为和油画、水彩并列的三大画种。美国"纽约画派"代表画家波洛克（J.Pollock）等人利用丙烯绘画技法，开创了抽象表现主义作品。他把画布铺放在地上，用管装丙烯颜料直接挤到画布上，被人们称为"滴画"。这种画法也只有丙烯颜料才能帮助他实现。美国画家大卫·霍克尼等开始尝试在亚麻布上使用丙烯，创作出了《大水花》等作品。

>>> 波洛克用丙烯颜料作画

>>> 美国画家大卫·霍克尼
代表作《大水花》

　　20世纪60年代，丙烯颜料开始从美国输入欧洲、日本和中国。艺术家们对于丙烯新画材没有任何抵触，很快接受并且广泛使用，丙烯颜料从此在全世界流行开来。而这种颜料也早已经从壁画向其他领域扩展，成为使用十分普遍的一种画材。近年来，丙烯材料又推出很多新的色彩系列，如荧光色系和金属色系，让画面语言的表达更加丰富，极大地拓展了绘画的发展空间。

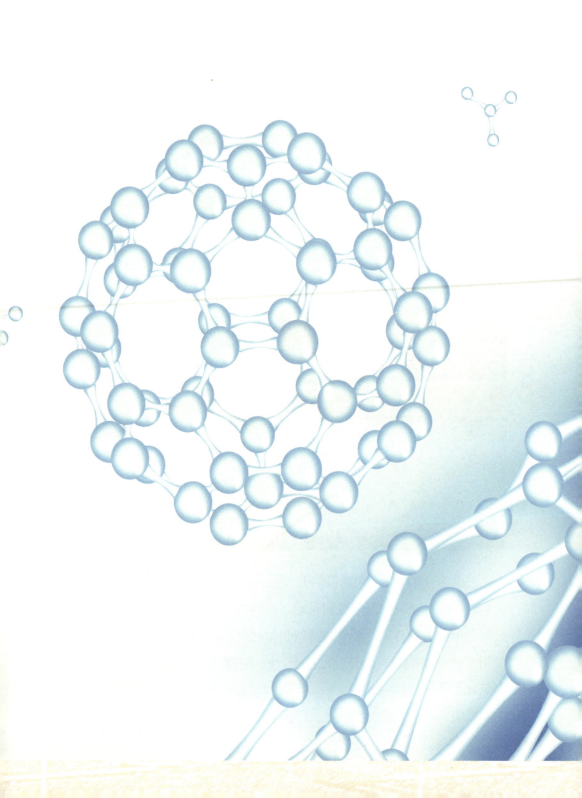

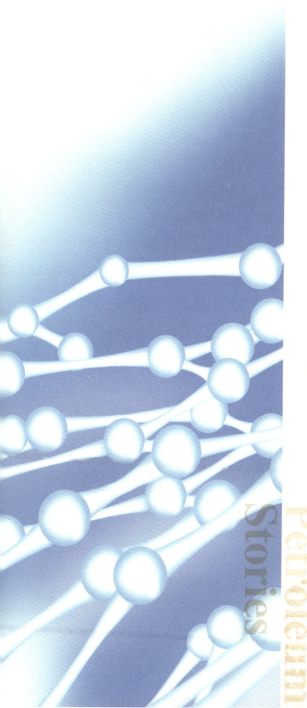

康乐有依

高分子材料续写健康档案

　　在现代医学领域，橡胶、塑料、纤维等各种高分子材料可谓无所不能、无处不在。小到随手可用的创可贴、医用口罩和一次性注射器，大到CT机、X光机，尖端的包括假肢、人工心脏在内的各种人造器官，都散发着掩盖不住的光芒。可以说，如果谁的生命有缺憾，那么高分子材料肯定能帮上你的忙，让你的生命在一定程度上健康、完整起来。

"暖男"发明了创可贴

1901 年的一天，美国青年埃尔·迪克森结婚了，妻子玛丽是一个富有家庭的"白富美"。婚后，岳父给他们找了一个保姆，一日三餐、饮食起居都有人照顾，二人过起了幸福甜蜜的日子。谁知人有旦夕祸福，一年后，玛丽的父亲被生意场上的竞争对手暗杀，一夜之间，他们由富变穷。极少做家务、对烹调毫无经验的玛丽不得不下厨做饭，照顾起了一家人。笨手笨脚的玛丽在下厨时，常在切菜时或在烧菜烧水时伤到手指。

迪克森在一家生产外科手术绷带的公司里工作，因为工作的原因，妻子每次受伤，他都能熟练地为她包扎好。但有一次他不在家里，妻子又出现了这种情况，等他回来时，妻子自己弄得手上鲜血直流。这件事情之后，心疼妻子的迪克森开始想，要是能有一种受伤者自己能包扎的绷带就好了，在太太受伤时，就不用担心不能及时为她包扎了。对妻子的爱促使他立即行动。他初步的想法是把纱布和绷带绑在一起，就能用一只手包扎伤口。

迪克森拿了一条纱布摆在桌子上，在上面涂上胶，然后放到绷带的中间，把纱布和绷带连在一起，但试了好多次，效果都不好，主要原因是黏胶会暴露在空气中，时间一长就会风干，黏结性下降。后来，迪克森把绷带又改成了胶带，然后把纱布贴在上面，效果明显好多了，但还是有些不方便。后来，他又想到这个东西只能包扎，却不能更快地止血，就把纱布又浸泡在能止血的药物里，一段时间过后拿出来就成了药棉，再把它贴到胶带上……经过不断地改进，最初的"创可贴"带着丈夫浓浓的爱意诞生了。

迪克森发明创可贴的这一年是 1921 年。一开始，迪克森把它叫作即时药布。在同事的建议下，迪克森把自己的发明介绍给了公司的老板詹姆士·约翰逊。一开始约翰逊有些犹豫，最后他决定赌一把，将这种备好的药布作为公司的新产品开发出售。

开卖前，工厂主管凯农先生建议给这个东西起个商品名字，他建议用邦迪（Band-Aid）。其中 Band 指的是绷带，而 Aid 是帮助急救的意思。两个字合起来就成了后来的创可贴。1921 年。迪克森发明的创可贴投放到了市场，而邦迪的销量并不理想。主要问题是它的体积过大：每个创可贴的长度几乎有 50 厘米，而宽度也有 6 厘米。公司决定改小创可贴的尺寸，使它变得更实用，再次投入市场后仍然不温不火。

1924 年，公司为了让更多的人了解和使用创可贴，就给童子军无偿赠送了大量的创可贴。美国各地很多童子军对创可贴进行了宣传。没有想到，这一方法让创可贴的名声传遍了整个美国。创可贴很快成了风靡一时的产品，所有人都想要在自己家里准备一些，为了让淘气的孩子们手脚弄破了随时用上它。

作为奖励，迪克森被任命为公司的副总裁，直到 1957 年退休。公司也因此获得了丰厚的利润。如今，一条长形胶布附上一小块浸过药物的纱条构成的小小的药贴，止血、护创的作用家喻户晓，满足了人们对于小块创伤的应急治疗需求，已经成为世界各地人们生活中最常用的一种外科用药。

在中国，云南白药经过特殊工艺处理后与药芯、胶

>>> 创可贴

布进行完美结合，于 2004 年制造出"云南白药创可贴"。它与市售的其他创可贴相比，能充分保持并发挥云南白药活血化瘀、消肿止痛、止血愈伤的传统药物功效，对小创伤的止血、镇痛、消炎、愈伤效果良好，且可使伤口恢复平整。2009 年该专利获得第 11 届中国专利奖优秀奖。

更为重要的是，随着科学技术的进步，各种各样的新创可贴被开发出来。液体创可贴是近年来新出现的有别于传统绷带创可贴的新型创可贴。与传统的创可贴相比，液体创可贴的不同点在于以涂抹或者喷出的方式涂药在伤口上形成保护薄膜，具有良好的防水性和透气性。传统创可贴在不规则的创口难以使用，而液体创可贴则方便许多，没有形状的限制，只需要直接涂抹在伤口上即可。液体创可贴的成膜材料主要为合成高分子材料和天然高分子材料，合成高分子成膜材料主要包括丙烯酸类聚合物、聚乙烯醇类、纤维素类衍生物和聚氨酯。

还有一种"肠道创可贴"，则深入人体内部。2022 年，美国麻省理工学院的一个团队研发出一种肠道手术新型贴片，能够对胃肠道缺损进行无创伤、快速、牢固和无缝合修复。贴片中使用的水凝胶聚乙烯醇使黏合剂的物理性能更稳定，可持续 1 个多月，足以让典型的肠道损伤愈合。研究人员还给贴片增加了生物可降解聚氨酯材料制作而成的一层非黏性表层，以防粘住伤口周围组织。新型贴片具有很强的韧性和灵活性，可在组织愈合过程中与功能正常的器官一起扩张和收缩。该胶带贴片的另一大特点是具有良好的生物相容性和生物降解性能，一旦损伤完全愈合，胶带可在 3 个月内逐渐降解，大部分残留可在体内完全代谢，不会引起炎症或黏附于周围组织。

小套套里的大学问

1942 年 8 月 7 日，第二次世界大战如火如荼。美军为了保护美国、澳大利亚、新西兰三国之间的海上运输航线，开始对瓜达尔卡纳尔岛（简称瓜岛）及其周边岛屿展开行动。原本以为只是一场岛屿与航线的争夺战，令美军没有想到的是竟打成了拉锯战，日军为了夺回瓜岛，从海陆空三个方面调动军力打击美军。

双方经过半年的反复争夺，最终因日本无力打消耗战而选择撤退。美军在登陆瓜岛后，发现瓜岛气候炎热潮湿，飞虫遍布。这些虫子非同小可，虽然对有作战服护身的美军士兵来说并没有太大的干扰，但是对于裸露的枪支却很有杀伤力。因为虫子爬进枪管后，对此一无所知的美军士兵开枪时，枪管极容易炸膛。这让很多美国士兵还没打死一个敌人，却先倒在了自己的枪管下。

急中生智的美军将领范德格里夫特立即向指挥部报告情况，并提出需要 14400 只安全套的请求。货到之后，范德格里夫特立刻命令每个士兵一只。士兵们也十分诧异，说在这个没有女人的岛上发这个东西，明显多此一举啊。谁知将军却告诉他们说，这个是给你们手中的枪准备的，套上吧，小子们。士兵们将安全套套在枪管上才发现，这个东西不仅可以防止飞虫、泥沙进入，甚至在过河的时候，还可以有效地防止枪管进水。不仅如此，在战场上急需救治的美军士兵可以将其拿来当止血带使用，水壶丢了还可以用来盛水应急。另外，安全套灌满水就能当作放大镜使用，可以聚火点燃易燃物。行军期间经常会遇到要泅渡的情况，这个时候，吹起几个安全套放入一个长裤中，就可以安全过河。

>>> 枪支与安全套

美国士兵当时使用的是商业化开发的橡胶安全套。但最初的套子并不是这个样子，而是经过千余年的进化，从形状到材质，才发展到今天轻薄与舒适的样子。

关于最早的安全套，在西方有一个传说，公元前1400年左右，埃及地区有一个国家叫克里特，国王叫米诺斯，他的精子有毒，他的几位情人与他发生关系后都中毒而死了，以至于他不敢继续和情人发生关系。为了治愈这种疾病，他使用山羊膀胱制成套子套在生殖器上，因此，米诺斯国王成为人类有记录以来第一个使用安全套的人。这只是一个传说，经不起推敲，但有资料证明，古埃及人确实很早就开始使用安全套。不过当时的主要目的并非防范疾病和避孕，而是出于宗教信仰。

到了1564年，意大利解剖学家加布里瓦·法卢拜（Gabrielle Fallopius）开始用亚麻布做成套子来预防梅毒。1551—1562年，他曾对1100名使用这种安全套的人进行了调查，结果令人满意。因此，有学者认为安全套的发明应归功于法卢拜。

17世纪晚期，英国医师约瑟夫·康德姆（Joseph Condom）采用小羊的盲肠制成了另外一种安全套。安全套英文"condom"就源于发明者的名字。因为这项发明，康德姆被英国国王查理二世封为骑士勋爵，他的发明被誉为"愉快的发明"。

安全套被中国人了解，是因为一个叫张德彝的晚清外交官。他当过光绪帝的老师，在国外生活了27年。他在《航海述奇》中写道："闻英、法国有售肾衣者，不知何物所造。"肾衣，想一想，这可能是安全套最雅致的名称了。

但安全套在17世纪广泛推销时，受到了教会的干预，天主教认为这是亵渎生命亵渎神的行为。所以当时安全套并没有广泛生产销售。同时，羊肠制成的安全套价格高昂，不是每一户人家都能用得起，因此，安全套根本无法流行开来。

现在想要享受性爱却又不愿抚养孩子的人们，没有理由不感谢橡胶的发明。最早发明现代橡胶安全套的是硫化橡胶的发明人查尔斯·固特异。早期的橡胶安全套很容易让人想起自行车内胎。这种安全套能更加安全有效地避孕，而且价格更加低廉。以安全套为代表的主动避孕措施，对于人类而言可谓是具有划时代的意义。

1883年，荷兰物理学家阿莱特·雅各布博士发明了第一个天然乳胶安全套。它具有更好的弹性和柔韧性、更高的耐拉强度且不易出现微孔，从而代替了硫化橡胶安全套。

1914年，出身于贫民窟的犹太人尤琉斯·弗罗姆成立了一家化妆品与橡胶制品公司。两年后他开始生产注册了商标的安全套。1926年，弗罗姆在德国的两个工厂年产2400万只安全套。但是第二次世界大战的到

来让这位"安全套之父"不得不远离了他辛苦创立的品牌。第二次世界大战后，弗罗姆的儿子被迫花 174 万马克买回这个品牌的使用权，产品才得以延续。

1949 年，日本人率先研制出厚度为 0.02 毫米的"超薄型"优质安全套。不久，匠心独运的俄罗斯生产厂商，又生产出了表面布满许多微小的乳胶颗粒或呈螺纹状的安全套。安全套颜色纷呈，有红色、粉红、浅蓝、淡紫、鹅黄、黑色或透明乳胶原色。

20 世纪 80 年代兴起的"安全的性行为"运动让安全套市场又一次爆发。1990 年，杜蕾斯率先使用聚氨酯生产安全套。这种安全套不但比以前的更薄，而且比以前的坚韧度增强了两倍。

为了使安全套能"一职多能"，含药的安全套应运而生。1975 年，英国人推出以杀精剂作润滑的安全套；随后，美国一些厂家也推出含碘剂或抗生素的安全套，借以抑制各种病毒。

有趣的是，安全套的应用目前已超出了原有的范畴。有的把它当作冰袋给高热患者冰敷，有的妇科医生用它来检查妇科病和孕情。非医疗用途更体现它的"多才多艺"，有的充了氢气作为气球，有的用来装水果保鲜，有的作为精密仪器的包装材料，更有意思的是澳大利亚国防部一次就购得 50 万个，仝套在枪筒上用于防锈，这种安全套事实上成了"避锈套"。

无纺布里有口罩

2020 年，新冠病毒肆虐世界各地。在中国，一段时间内，人们最为不可或缺的东西，除了食物之外就是口罩了。食物可以让人得以存活，而没有口罩同样寸步难行。

口罩在中国历史悠久。13 世纪，著名的意大利旅行家马可·波罗千辛万苦来到了元大都，写下了举世闻名的《马可波罗游记》。他在书中写道："在元朝宫殿里，献食的人，皆用绢布蒙口鼻，俾其气息，不触饮食之物。"这种"蒙口鼻的绢布"，或许是中国有史可查的真正意义上第一批"口罩"。

而在 16 世纪的欧洲，黑死病的阴影依然笼罩在欧洲大陆上空。为应对黑死病的空气传播渠道，一位叫查尔斯·德洛姆的法国医生发明了一种形似鸟嘴、覆盖全脸的面具。面具采用一种浸过蜡的油布制成，标志性的鸟嘴里填充了樟脑、棉花、薄荷等物，以此来过滤空气，起到消毒作用。

19 世纪末期，医学的进步让医务工作者们意识到，避免与病患的直接接触可以减少细菌的传播。1895 年，德国病理学专家莱德奇发现医护人员唾液如果带有病菌，容易引起患者伤口恶化。于是，他果断建议医生和护士在手术和护理时，戴上一种用纱布制作、能掩住口鼻的罩具，使病人伤口感染率大幅下降。而这是近代医学史上第一款以保护病患者为目的的医用口罩。

历经瘟疫的中国在口罩革新方面一度落了下风。直到 1910 年，一场

肺鼠疫从俄国贝加尔湖地区沿中东铁路传入中国，并以哈尔滨为中心迅速蔓延，4个月内波及5省6市，导致6万多人死亡。天津陆军军医学堂副监督、剑桥大学医学博士伍连德临危受命，奔赴疫区负责调查处理。

在东北疫情一线，伍连德发现这场瘟疫主要通过飞沫进行传播，于是他发明了一种简易口罩用于阻绝病毒。这种口罩将外科纱布剪成3尺长，每条折成双层，中间放置一块棉花，再将纱布的每端剪成两条，使之成为两层状的纱布绷带。用时以中间有棉花处掩遮口鼻，两端的上、下尾分别缚结于脑后。这种口罩简单易戴、价格低廉，成为当时东北人民抵御疫情的必备法宝。

中国东北肺鼠疫疫情平息后不到10年，一场大流感在美国堪萨斯州暴发，随后席卷全球，感染了全世界30%的人口，超2000万人丧命。很多国家为了对抗疫情，不论是医生还是普通老百姓，都被强制性要求佩戴口罩。美国西雅图甚至出台明文规定，没有戴口罩的乘客禁止上公交车。自此，口罩与疫情防治便建立起了牢不可破的"战友"关系，一直持续到了现在。

尽管样式在不断进化，但在很长一段时间里，口罩的主要原材料一直以纱布为主。直到20世纪60年代，无纺布的诞生为口罩制造材料带来了"史诗级"的变革。这一次，美国人走到了最前面。有人把无纺布称作"工程师的布"，即无纺布就像是工程师们任意捏弄出来的产品。它提供诸如吸湿、拒水、持水、输水、保湿、保暖、柔软、弹性、刚性等各种专门性能，支持着应用市场的各种需求。

1941年，美国的发明家斯宾塞·斯佩斯发明了第一张无纺布。当时，他在进行汽车轮胎衬垫研究时，发现如果将纤维强制转向，并通过压制方式进行加工，就可以制作出一种坚韧耐用的材料。这就是现代无纺布的雏形。无纺布的生产方法有很多种，其中主要的就是熔喷法。

>>> 工程师的布——无纺布

熔喷法发明于 1954 年，美国海军要收集高层大气中的放射性微粒，以监测全球核试验数据。但如何才能从空气中过滤出这些微粒呢？科学家在火山喷发中找到灵感：在火山活动中，从熔融玄武岩岩浆中吹出一种纤维物质，它们非常柔软，如同人的发丝一样。美国海军开始研究气流喷射纺丝法，并纺出了极细的纤维，其直径在 5 微米以下，此举为熔喷法非织造工艺的起源。20 世纪 70 年代，这项技术转为民用，开始工业化生产，使熔喷法非织造布技术得以迅速发展。

我国对熔喷技术的研究也较早，20 世纪 50 年代末，中国核工业部二院等

••••知识链接

熔喷布

以聚丙烯为主要原料，纤维直径可以达到 1~5 微米。熔喷布外观洁白、平整、孔隙率高，具有很好的过滤性、绝热性和吸油性。全世界范围内用于无纺布生产的纤维中有 63% 为聚丙烯，23% 为聚酯，8% 为黏胶，2% 为丙烯酸纤维，1.5% 为聚酰胺，剩余的 2.5% 为其他纤维。医疗应用除口罩外，还有防护服、手术衣帽、手术罩布、床单、床罩等。

机构就开始了这方面的研究；90 年代初，东华大学、北京超纶公司等单位设计出的间歇式熔喷设备，在国内陆续投产了近百台。熔喷布当时主要用于电池隔板、过滤材料、吸油材料等领域，由于国内市场的局限，熔喷布的市场开发工作很慢，也很艰难。2007 年以前，中国的无纺布产量仅占全世界的 3.5%。

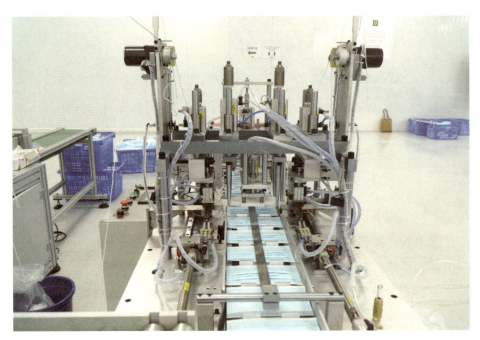

>>> 口罩生产线

　　进入 21 世纪以来，我国非织造布产量保持增长态势，非织造布产量逐年攀升，2018 年我国各类非织造布年产量达 593.22 万吨，较 2008 年增长 196.31%，年均复合增长率达 11.47%。到 2024 年，我国非织造布产量突破 800 万吨，已经成为名副其实的无纺布生产大国。

塑料注射器的发明

在没有针头的岁月，治疗只能通过口服。正如《后汉书·华佗传》记载的那样："若疾发结于内，针药所不能及者，乃令先以酒服麻沸散。"即我国"针灸"疗法不能抵达的体内顽疾，在需要动手术解决时，术前的准备不是"打麻药"而是"喝麻药"。这是在没有注射和输液技术的古代，医生们的解决之道。

但口服药物除了需要排除食物的干扰，还得等药物穿过肠胃上皮细胞，经过肝脏处理以后才能进入血液。所以很久以前，富有想象力的人类就开始寻找一种不用口服，直接将药物送进身体的器械。经历过无数次的失败和可怕的感染，最终他们想要寻找的器械——注射器诞生了。

注射器的工作原理并不复杂。通过前后推拉紧密嵌在注射管内的活塞芯杆，使注射器管前端的排放孔排出（吸入）液体或气体。提起活塞芯杆时液体或气体被吸入针筒，推入芯杆时液体或气体被挤出，这样的过程就称为"注射"。

有关第一个活塞注射器的记载是在公元 1 世纪的罗马时期，凯尔苏斯（Aulus Cornelius Celsus）在他百科全书式的医药著作《药物学》中，最早提到使用注射器来治疗医学并发症，但具体的治疗方法难以得知。15 世纪，意大利人卡蒂内尔就提出注射器的原理，设想用一种推进器可以将药液注入人体。英国人雷恩在 1657 年第一次进行了人体试验。 直到 1844 年，爱尔兰物理学家弗朗西斯·赖琳德发明了空心针，并用它做了第一次有记录的皮下注射，将治疗神经痛的镇静剂注入患者体内，才宣布了注射器的终端——皮下注射针头的诞生。这一发明为注射器的出现做好了铺垫。

医用针头诞生十年以后，1853年来自法国的医师查尔斯·普拉瓦和来自苏格兰的亚历山大·伍德合作，将一个空心针头和一支容量为1立方厘米的带活塞的银质容器连接起来，开发出一种医用的皮下注射器。他们研发的空心针头，按照亚历山大·伍德的传记作者托马斯·布朗的描述来说，是将蜜蜂的尾刺作为模型，细到足以刺穿皮肤和血管进行静脉或肌内注射。他们的发明很快传遍了整个法国。这是医学史上的一大成果。而发明人伍德是第一位给病人直接注射吗啡来止痛的医生，从而开启了现代外科手术的大门。

亚历山大·伍德（Alexander Wood）是现代注射器原型的发明者之一。他因为这项发明于1858年当选为爱丁堡皇家内科医学院院长。但使用注射器治疗的副作用也改变了他与家人的人生。

当时，伍德这种新的皮下注射技术主要用于给予神经痛患者注射吗啡和鸦片制剂，而伍德的妻子丽贝卡·梅西恰恰是一个神经痛患者。当时，人们并没有全面认识到吗啡的副作用，对于注射药物与口服药物的剂量比也在探索之中。在使用静脉注射吗啡的"治疗"过程中，丽贝卡·梅西不仅是皮下注射器发明者的妻子，也是因静脉注射吗啡而造成的第一个瘾君子。

亚历山大·伍德因此而承受了生活之变，但所幸的是这位发明家并没有倒下，反而从悲伤中吸取了注射过量的教训，为针筒加上了精确刻度，从此注射技术才开始精确控制药量，这又是注射技术的一大进步。

但是，在玻璃注射器的时代，另外一种风险随之而来。据世界卫生组织统计，大约90%的医用注射器用于给药，5%用于接种疫苗，5%用于其他用途（如输血）。1987年，世界卫生组织声明：注射时只换针头不换针筒是有可能引起感染的危险行为，但可怕的是在那之前的许多年里，批量注射场景如集体接种疫苗时的不安全注射行为时有发生：有的地区甚至连针头也不换，只简单用酒精擦拭一下作为消毒，就注射另一个人。2010年，由于不安全注射，有170万人感染乙型肝炎病毒，31.5万人感染丙型肝炎病毒，33800人感染艾滋病毒。

20世纪50年代，塑料工业的发展给医疗用具带来了新的生机。1949年，澳大利亚发明家查理斯·罗塞在他的阿德莱德工厂制成了世界上第一个塑料制品的一次性皮下注射器。这是一款由一种可以被加热消毒、名叫聚丙烯的塑料制成的成型注射器。

查理斯的产品一推出，就攻占了澳大利亚国内和出口医疗市场。他的同行，新西兰药剂师兼发明家科林·默多克（Colin Murdock）紧跟其脚步，发明出一款一次性塑料注射器，并于1956年获得新专利。1989年，强制减少注射事故与重复注射的自动一次性针头注射器被发明出来。这种注射器一旦被使用，针头与注射器即自动分离，无法再继续注射。这项发明大大减少了艾滋病和与血液传播有关的疾病的传播。

塑料确实给注射器的完善带来巨大的福音：塑料注射器不易损坏、便于回收、造价低廉、便于运输。最重要的是，一次性注射器的出现，大大减少了消毒不严格带来的血液传播疾病的风险。为了保证卫生，防止交叉感染，当代的注射器多采用塑料质地，用一次即抛弃，有力驱散了多年以来笼罩在医疗注射器头顶的乌云。

至此，注射器的细节好像只剩下最后一个小小的烦恼：被针刺破皮肤的压迫和恐惧。2016年上映的科幻电影《星际迷航3》里出现了脾气古怪的麦考伊博士坚持要采用无针注射器的情节。这不是梦想，而是现实。早在1966年，法国科学家们首次提出"无针注射器"的理念。1992年，

德国研制出世界上第一支无针高压注射器，获批专门用于胰岛素注射的治疗。

　　无针注射的原理是借助高压将超细的药物直接喷出注射到皮下组织，毫无痛感，减轻了患者的痛苦，可以称得上是"医用注射技术的一次革命"——历经几千年，注射器好像兜了一圈，从"无针"又回到了"无针"。针头一直在变，但是制作注射器的材料并无太大的变化，聚丙烯等塑料一直占据重要地位。

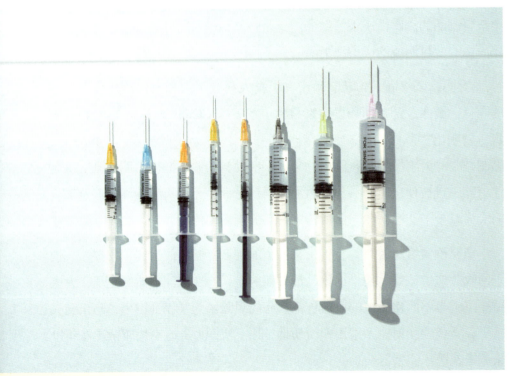

>>> 注射器

布洛芬是石油做的！

在新冠病毒疫情持续蔓延时期，布洛芬曾经火得一塌糊涂，一药难求。但很多人不知道的是，要生产这种退烧药品，竟然也离不开万能的石油。原来，想要合成这种退烧药，需要一种十分重要的原料——丙酸。而丙酸就是以石油为原料经过一系列工艺制得的产品。从石油到布洛芬，有一段感人至深的故事。正是由于发明人的无私授权，才让无数人受益，而它的发明人叫斯图尔特·亚当斯（Sewart Adams）。

斯图尔特·亚当斯是英国药剂师和生物工程师。1923 年，亚当斯出生在英格兰西北安普敦郡的一个小村庄，父亲是名铁路工人。亚当斯还有两个哥哥、一个姐姐和一个弟弟。由于家境贫寒，亚当斯 16 岁就辍学了，在英国博姿（Boots）医药公司当学徒。为期 3 年的学徒培训结束后，亚当斯在药房的资助下，在诺丁汉大学取得了药学学士学位。毕业后，他被调到博姿的研究部门，开始致力于青霉素生产，研究类风湿性关节炎。

1897 年，阿司匹林问世。这是第一种非甾体消炎药，通常被当作止痛药使用，但必须在非常高的剂量下使用，这极易导致患者出现过敏反应，出血和消化不良等副作用的风险很高。从 1950 年开始，亚当斯一直在寻找一种无副作用的能替代阿司匹林的止疼药物。

亚当斯招募了化学家约翰·尼科尔森博士和技术员科林·伯罗斯，在诺丁汉郊区一栋维多利亚式老房子里，这个三人小团队不断地尝试，坚持了 10 多年。他们测试了 600 多种化合物，亚当斯还把自己当成小白鼠，

在自己身上试验了两三种化合物。在那段时间里，有四种药物进入临床试验，但都失败了。

走投无路之际，他们在1961年选定了丙酸。这种选择还有一个故事，1960年冬天，亚当斯赴莫斯科参加一个药理学会。由于第二天需要发表演讲，为了缓解紧张和驱寒，亚当斯深夜跑到酒吧，喝了莫斯科特产的纯正伏特加。谁知三两杯下肚，他就迅速被这种高烈度酒撂倒了。

第二天一早，亚当斯头痛欲裂，完全没办法发表演讲。情急之下，他从手边抓了一些前段时间研制开发出的治疗风湿痛的止痛药吞了下去。尽管这些药还没有经过严格测试，但止痛药不仅有效抑制了他的宿醉头疼，还赋予了他力气与精神，让他顺利参会并进行了演讲。无心插柳柳成荫，回到英国后，亚当斯就开始着力研发这种神奇的止痛药，并将它应用于抑制人体疼痛，推向全世界。后来，这种药被取名为"布洛芬"。

1962年，布洛芬获得专利，7年后被批准为处方药，亚当斯成功了。布洛芬很快在世界各地流行开来，它已成为世界上最受欢迎的止痛药之一。他因此项研究而获得了诺丁汉大学荣誉科学博士学位。

目前，每年全世界无数制药公司以各种各样的品牌生产出高达两万吨的布洛芬。作为常见的退烧止痛药物之一，布洛芬自从问世以来便备受欢迎，还被列入世界卫生组织的示范名单基本药物，是世界上最畅销的药物之一，平均每年的销售额可达数十亿美元。

　　布洛芬的发明并没有改变亚当斯的生活，他也没有赚到太多的钱，倒是让他的公司大发其财。但最令他高兴的是，全世界有数亿人在服用他发明的这种药物，他可以帮助很多人脱离疼痛。虽然许多人吃了几个月、几年，甚至一辈子布洛芬，都不知道亚当斯到底是何许人。

　　亚当斯一直住在英国诺丁汉市郊外一个简陋的房子里。每当他头痛时，他会像普通人一样去药店购买布洛芬，仔细听取售货员对他讲解用药细则，尽管他自己就是发明这款药物的人。2019 年 1 月 31 日，亚当斯在诺丁汉去世，享年 95 岁。

>>> 布洛芬药片

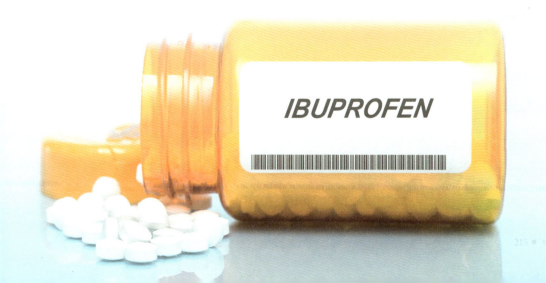

揭秘红色染料杀菌史

德国医学家格哈德·多马克（Gerhard Domagk）因发现了百浪多息的抗菌作用获得了 1939 年的诺贝尔生理学或医学奖。这个获奖消息人们没有感到一点意外，意外的是在诺贝尔奖评选委员会宣布多马克获奖后不久，他就被当局秘密逮捕了，这到底是什么原因呢？

>>> 明斯特大学时的多马克

1895 年 10 月 30 日，多马克出生于德国勃兰登堡州一个美丽的小镇上。他的父亲是当地一所学校的副校长，在那里，他度过了无忧无虑的童年生活。中学毕业后，他考上了医学院，但上学没多久，第一次世界大战爆发了。19 岁的多马克不得不去服兵役，不走运的是刚到战场他就受伤了，回到后方医院休养。痊愈后，他因为经历过短暂的医学训练，在缺少医生的德国陆军部队里，他被赶鸭子上架地去充当战地医生，作为德军的一员前往俄罗斯战场。

在俄罗斯的霍乱医院，他见到了终生难忘的悲惨景象。在没有抗菌药的年代，面对霍乱、斑疹伤寒、伤口感染及其他各种传染病时，医生们束手无策，只能眼睁睁看着病人逐渐衰竭并死去。伤口感染的伤员不得不接受截肢手术，但术后的感染依然在不停地夺走他们的生命。这些经历给他

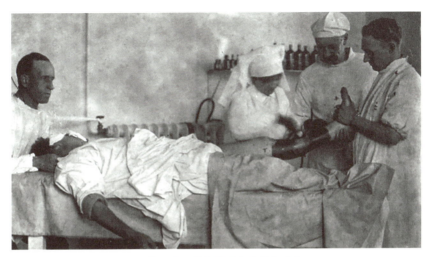

>>> 第一次世界大战时期的感染医院

留下了深刻而强烈的认知：在小小的细菌面前，人们是如此的脆弱无力。

第一次世界大战结束后，战败的德国消停下来，年轻的多马克又回到学校继续他中断的学业。1921 年毕业后，多马克成了明斯特大学的病理学及细菌学的讲师。1929 年，德国化工巨头法本公司资助明斯特大学成立了一个研究所，而多马克也兼职成为这家研究所的研究员。

法本公司是由六家在第一次世界大战期间紧密合作的大型化工公司合并而成的。这些公司大部分靠生产染料起家，据说在第一次世界大战期间生产的染料占全世界供应量的一半以上。法本公司诞生后，企业的创始人开始尝试着将业务往更尖端、更有前途的药物领域拓展。

也许有人会感到惊讶，卖染料的公司为什么想要踏足医药界呢？这并不是资本家的妄想，而是染料业与医药界的深厚血缘关系造成的。早在1856 年，就有科学家发现某种紫色染料可以穿过细菌的外壳，让细菌着色；后来更有人发现，某些合成染料对细菌的生长有抑制作用。因此，法本公司想要将自己的染料变成安全、有效的抗菌药，并非脑子一热、虚无缥缈的幻想，多马克就职的研究所就是为了这个目标而成立的。

>>> 百浪多息原本是一种红色染料

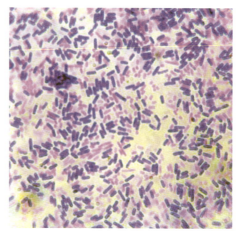

>>> 被染成紫色的细菌，说明染料可以穿
过细菌的屏障进入细菌内部

　　刚开始研究的时候，多马克对这项研究能否取得成功并无把握。染料有几千种，而常见的致病细菌也有几百种，想要找出哪种染料在哪种剂量下可以抑制哪种细菌，根本不是易事。他在小白鼠身上做了三年实验，一无所获，直到1932年的秋天，他才意外发现红色染料"百浪多息"对感染了溶血性链球菌的小白鼠有很好的治疗作用！

　　不过，面对这个实验结果，多马克十分谨慎，并没有表现出太多的兴奋。他心里想，百浪多息能够救活被细菌感染的小白鼠，但小白鼠跟人终究是不同的。见惯战争残酷和牛死的多马克心里并不敢贸然相信百浪多息在人类身上会有很大的医疗作用。但就在那时，发生了一桩意想不到的事，迅速扭转了他的看法。

　　多马克有一个三岁大的女儿，突然感染了溶血性链球菌，持续高热不退，情况岌岌可危，经多方治疗并无效果。在最后关头，绝望的多马克让女儿服下一剂百浪多息。奇迹就这样出现了，女儿的病情迅速好转，最终幸运地从死神的手中回到了父亲怀里。看到女儿重新绽放的笑脸，他终于相信百浪多息确实是可能治病的药物。

多马克救回了女儿的三年后，临床医生开始在大量志愿者病人身上试验百浪多息的效果。结果证明，这种红色染料确实有着妙手回春的效果。消息很快传遍全世界，英国的医生甚至还尝试着用它来治疗产褥感染，同样也有很好的效果。1936年冬天，美国波士顿的一位医生，还用它治好了罗斯福总统小儿子的链球菌咽喉炎。百浪多息的成功，吸引了无数优秀的化学家和医学家投身这个领域，从而开创了合成化学药物发展的新时代。

令人奇怪的是，百浪多息只有在体内才能杀死链球菌，而在试管内却无能为力。巴黎巴斯德研究所的特雷富埃尔和他的同事断定，百浪多息一定是在体内变成了对细菌有效的另一种物质。于是他们着手对百浪多息的有效成分进行分析，最终分解出了氨苯磺胺。这时候有人想起来，早在1908年就有人合成过这种化合物，可惜它的医疗价值当时没有被人们发现。

磺胺的名字很快在医疗界广泛传播开来。1937年制出磺胺吡啶，1939年制出磺胺噻唑，1941年制出磺胺嘧啶……一个治疗各种感染的"药丁兴旺"的磺胺家族出现了。但是，不管磺胺类药物如何兴旺，其原始材料都与石油天然气工业的下游产品——苯、氯磺酸、乙醇、苯磺酰氯等一直保持密切的关系。

按理说，多马克功勋卓著，又在1939年获得了诺贝尔奖，应当是国家的英雄，怎么还会被投入监狱中呢？原来，在生理学奖或医学奖公布的前一周，一名纳粹反对者获得了和平奖。这极大地惹恼了德国纳粹政府，因此紧急出台法律，规定德国人不可以接受诺贝尔奖。不走运的多马克一接到获奖的消息，就被关押了一个星期，之后不得不违心地拒绝奖项。

无法领取诺贝尔奖并不是纳粹伤害多马克最严重的事件。第二次世界大战后，他的家乡勃兰登堡州在脱离纳粹德国后并入波兰，多马克因此失去了故乡。他的妈妈在兵荒马乱的第二次世界大战中与他失去了联系，最

>>> 1936—1940 年德国生产的
抗菌用百浪多息口服药

知识链接

磺胺类药物（SAs）

　　指具有对氨基苯磺酰胺结构的一类药物的总称，是一类用于预防和治疗细菌感染性疾病的化学治疗药物。SAs 种类可达数千种，其中应用较广并具有一定疗效的就有几十种。磺胺药是现代医学中常用的一类抗菌消炎药，其品种繁多，已成为一个庞大的家族。

后于 1945 年活活饿死在难民营里。更加不可理喻的是，发明百浪多息的抗菌作用后，也没有给他带来物质上的利益，因为他没有获得专利权。

　　1947 年，多马克访问了斯德哥尔摩并接受了诺贝尔奖。诺贝尔奖奖金的金钱部分只可为得奖人保留一年，一年后将充入诺贝尔基金，但奖章和对获奖者表示敬意的仪式则可为得奖人长期保留。因此，多马克领取的只有一份荣誉，而无法领到诺贝尔奖奖金。

　　这些不幸的事件，并没有让多马克怨天尤人，直到 69 岁他还没有退休，依然在实验室努力研究化疗与癌症治疗的关系。1964 年，多马克因为心脏病突发逝世。在他去世后，化疗在治疗癌症方面的应用越来越广泛。他在地下有知，应该会感到无比欣慰吧。

人造血管的始创者

1949 年，美国科学家首先发表了医用高分子材料应用与展望的论文，第一次介绍了利用聚甲基丙烯酸甲酯（PMMA）制作人的头盖骨、关节和股骨，利用聚酰胺纤维作为手术缝合线的临床应用情况。又过了一年，有机硅聚合物被用于医学领域，包括器官替代和整容等许多方面，人工器官的应用范围大大扩大。

20 世纪 50 年代，很多医学家都在争先恐后地将各种人工器官试用于临床，如人工尿道（1950 年）、人工食道（1951 年）、人工心脏瓣膜（1952 年）、人工肺（1953 年）、人工关节（1954 年）及人工肝（1958 年）等。但人工血管（1951 年）似乎取得的成就最大。

···知识链接

医用高分子材料

指用于制造人体内脏、体外器官、药物剂型及医疗器械的聚合物材料，其来源包括天然生物高分子材料和合成高分子材料。天然医用高分子材料来源于自然界，包括纤维素、甲壳素、透明质酸、胶原蛋白、明胶及海藻酸钠等；合成医用高分子材料是通过化学方法，人工合成的医用的高分子材料，目前常用的有聚氨酯、聚酯纤维和聚乙烯等。

尼龙、腈纶等化纤面料是裁剪衣服的好材料，但是用它织一条人体所需要的输血管能否可行呢？这事想起来就有些荒诞，但是医学家还真的做到了。1951 年，一位长期从事动脉移植研究的外科医生德贝克（Michael DeBakey）开始尝试寻找合适的动脉移植材料。德贝克 1932 年从新奥尔良的杜兰大学医学院毕业后成为一名心脏大血管外科医生。

他的同事曾经使用过尼龙，结果发现这些材料会逐渐地分解。血管在体内分解了血液就会渗入体内，这可不是个好办法。尼龙不好用，其他人造纤维能不能担当这个重任呢？德贝克按照这个思路开始了积极探寻。敢想的人运气好，有人看他这么痴迷地研究这件事，就向他推荐了刚刚上市的涤纶。德贝克拿到这种面料之后，就像缝纫机制作衣服那样制作出来一条动脉血管。后来的医学实验证明，涤纶在人体中是非常稳定的材料，可以大规模地使用。

几十年来，德贝克完成了许多例心脏血管移植手术。1951年，他和丹顿·库利（Denton Cooley）医生合作，开展了腹主动脉瘤切除人工血管置换术；1953年，他们开展了胸主动脉瘤切除人工血管置换术；1957年，他们在体外循环下成功施行了肾主动脉切除人工血管置换术。而到了2005年，当他97岁高龄的时候，也患上主动脉瘤。他的学生们也为他成功地进行了血管置换手术。直到今天，涤纶依然被用来制作人工血管。

在中国，20世纪50年代末，纺织部和卫生部联合下达了研制人造血管的任务，上海胸科医院和苏州丝绸研究所接受了这一新课题的研究。作为最年轻的设计人员，钱小萍作为师傅金纯荣的助手也参与其中，为中国第一代人造尼龙血管的研制作出了贡献。后来钱小萍又独立负责涤纶取代尼龙的血管织造任务，于1963年获得成功并投入生产。

>>> "心血管外科之父"德贝克

1973 年，上海胸科医院医生专程到苏州找钱小萍，商讨共同研制新型人造血管，不仅是因为她有研制人造血管的经验，更是因为钱小萍对织物结构设计有着独到的见解和技巧。这次院方提出了制作内壁有绒毛、性能大为改善的新型血管的设想，钱小萍抱着试试看的想法接受了。在以后的时间里，钱小萍利用业余时间频频去汗衫厂和织袜厂进行调研，最终确定了用机织取代针织的构想。

1979 年，一种内壁有卷曲形绒毛的机织涤纶毛绒型人造血管终于试制成功，经过临床试验，效果很好，这就是中国第二代人造血管。人造血管的类型有直型、分叉的 Y 型和多支型等。直型的人造血管常应用于四肢、胸腔或腹腔；Y 型大多用作腹主动脉移植；多支型的主要用作心脏右主动脉弓的调换。这项技术 1983 年获得国家发明三等奖，1986 年获得第 14 届日内瓦国际发明镀金奖和第 35 届布鲁塞尔尤里卡国际发明博览会银奖，并取得了国家专利。

涤纶血管由于通畅率较高，长期以来成功地用于大血管置换，但无法完全满足小口径人造血管的制造要求。

世界医学界为了攻克小血管的替代材料和方法，开展了很多攻关。真丝人造血管由于其螺旋形绉缩不够稳定，易造成血管吸瘪，且保形性差、强力较低，而限制了临床的应用。国内外应用最广泛的人造血管材料是膨化聚四氟乙烯，它具有很好的生物相容性与抗凝性，但顺应性较差，移植物的通畅率仅为 30%。人造小血管的研制长期没有出现令人信服且效果良好的方案。

2003 年，一位叫欧阳晨曦的大学生从德国留学归国，进入华中科技大学同济医学院附属协和医院血管外科工作。在他参与的很多手术中，心脏搭桥手术令他"很受折磨"。普遍在用的涤纶人工血管，让他觉得不符合这类手术的要求。当时，世界范围直径大于 6 毫米的人工血管已普及，

但小于 6 毫米的小口径血管研制仍是难题。渴望挑战的他，将此选定为自己的科研方向。

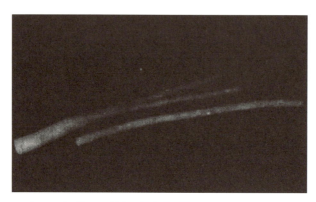

>>> 上海科研人员研制的人造血管

　　欧阳晨曦想到，如果能找到一种更有弹性的材质制作小口径人工血管，许多手术难点将迎刃而解。当时，武汉纺织大学徐卫林教授的一篇关于蚕丝生物粉体的论文引起了欧阳晨曦的注意，他认为这种材料或许是适合制造小口径血管的材料。经过商谈，双方一拍即合，携手开启漫长的研发、试验之旅。

　　半年后，他们以蚕丝生物粉体为原料研制出与人体血管结构相同、功能相近的高仿生小口径人工血管，但与实际应用还有一段距离。这时，高分子医学材料又引起了他的注意。2008 年，他们以聚氨酯为基本材料又研制出"三层仿生结构人工血管"，该产品是目前国内唯一、国际领先的仿人体自身动脉结构的人工血管，推出不久就获得国家技术发明奖二等奖，随后获得国家专利授权。他也因此而当选为俄罗斯自然科学院外籍院士。

　　欧阳晨曦研究人工小血管的步伐持续加快，2020 年 12 月 15 日，全球首例聚氨酯人工血管用于巨大腹主动脉瘤切除并人工血管置换手术，在中国医学科学院阜外医院顺利完成。这意味着这款 12 年前就获得国家专利授权的产品正式应用于临床。这也让"三层仿生结构人工血管"项目在两年后的 2022 年 6 月，凭借项目的颠覆性及技术的尖端性，斩获"首届全国颠覆性技术创新大赛总决赛优胜奖"。

高分子材料除了可以制造人工血管，还可以制造人工心脏。世界最早的人造心脏是由美国医生亚尔维克（Robert Jarvik）发明的，这个用金属和塑料制成的装置可以替代患者体内患病的心脏。1985 年，亚尔维克 7 型人造心脏被植入心脏病患者的心室中，获得成功。目前，人造心脏已经成为世界治疗心脏疾病的主要手段之一。

在人工角膜方面，自 1871 年法国眼科医师 Weber 首次将一片水晶玻璃植入患者角膜，开创了人工角膜植入的历史以来，人工角膜的研究在医用高分子材料的支撑下，无论在材料设计、制作工艺、手术技巧，还是术后处理方面都有新的发展。人工角膜一般包括光学镜柱和周边支架两部分。光学镜柱常用材料有聚甲基丙烯酸羟乙酯（PHEMA）和聚甲基丙烯酸甲酯（PMMA）等；周边支架常用材料有氟碳聚合物、羟基磷灰石和聚四氟乙烯等。

碳路空天

加冕"材料之王"的男人

　　碳纤维的发展很有趣，它从爱迪生手中一根普通的灯丝开始，灵光乍现般地闪耀几年之后就进入了沉寂阶段。数年后，又突然在霸权主义的需求之下，一路开挂般地直冲云霄，成为火箭、导弹、飞机和卫星的最佳空天拍档。而围绕碳纤维技术的研究，世界各国又拉帮结派地打起了经贸大战，直到把中国"打"成现今世界第一大碳纤维生产国，这才告一段落。在这个过程中，几个男人的故事值得寻味。

Petroleum Stories

从白炽灯丝到冬奥会火炬

>>> 北京冬奥会
火炬

　　2022年，北京冬奥会开幕式上，上海石化承制的火炬"飞扬"惊艳亮相。如果将冬奥火炬外壳比作钢筋混凝土，那么碳纤维就是钢筋，树脂就是混凝土，它们一起构成碳纤维复合材料，采用三维编织技术如同织女"织毛衣"一样织成了精巧绝伦的火炬外形。这种由上海石化等单位共同攻关研制成的碳纤维复合材料，和金属材质相比减重30%以上，可以在800℃左右的燃烧环境下保持金身不破，并正常使用。

　　也许不会有人想到，如此神奇的碳纤维材料，当初只是大发明家爱迪生给自己发明的灯泡制作的一缕灯丝。不过，从灯丝到火炬"飞扬"，都和一个关键词有关，那就是"碳"。

　　碳元素是人类最早发现和利用的元素之一。古人学会用火后就开始和碳打交道，直到现在，人们平时学习绘画用的铅笔，日常食用的米饭，从低廉的柴火、米饭到金光闪闪的高档钻石、人类及一切生命体的 DNA 基本框架，再加上石油等资源，都离不开碳元素的身影。说碳元素"上得了厅堂下得了厨房"并不为过。

碳元素之间形式各异的结合，造就了众多的碳家族成员，它们互为同素异形体。1772 年，法国著名的化学家安东万·洛朗·拉瓦锡证明了坚硬超常的金刚石和写字的铅笔芯一样，也是由普通的碳原子构成的。他用一种类似于太阳镜的装置让木炭和钻石现出了原形，点燃后发现两者都没有产生水，而且形成的二氧化碳质量相同。

∷∷知识链接

同素异形体

指由同样的单一化学元素组成，但性质却不相同的单质。生活中最常见的碳的同素异形体有石墨、金刚石；磷的同素异形体有白磷和红磷。

>>> 拉瓦锡的实验装置

>>> 拉瓦锡和他的妻子

这时的碳仍然没有高大上的意思，只是一种元素而已，普通得根本无法和柔软可编织的纤维沾上一点边儿。令人意想不到的是，由于人类对于光明的追求，碳这种东西在几个天才的科学家手里，命运迎来了转机。

在电灯的发展史上，无数科学家为之奋斗过，但大多是以金属铂为照明灯丝，都没有取得成功。英国化学家亨弗莱·戴维爵士（Sir Humphry Davy）在 1809 年进行了一项实验，他将两根碳棒接在大功率电池两端，碳棒短暂接触后再分开一段距离，发现碳棒之间产生了极为耀眼的亮光。这也许是碳物质用于照明的最早实验。

1860 年，英国人约瑟夫·斯旺（J.Swan）设计出了一种白炽灯泡。他采用孔口挤压纤维素成纤技术抽取灯丝。《爱迪生传》中描绘他发明的灯泡"是一根装在烧瓶里的碳棒,看起来像泌尿科的导尿装置",但"斯旺的碳棒只会亮一两分钟,还会产生大量的烟灰,这说明真空状况不理想或裸露的碳过多",最终没有成功。不过,他用纤维素抽取灯丝的办法,却为后来的碳纤维的抽取提供了思路。

几乎与他同时,大名鼎鼎的美国科学家爱迪生也在给灯泡寻找合适的灯丝。爱迪生的方法与斯旺的不太一样,他是将椴树内皮、黄麻和马尼拉麻等纤维材料裁剪成灯丝形状,再使用高温烘烤。《爱迪生传》中说:"每个灯泡内部细小而又明亮的马蹄形灯丝其实本来是纸。爱迪生工匠般的助理发明家查尔斯·巴彻勒完善了一种方法,可以从细料纸板上切下 U 形纸条并在白炽状态下将其碳化,直到它们缩成坚硬发亮的黑色'灯丝'。这个词由爱迪生本人第一次引入了电力行业。碳丝被铂丝紧紧地夹住,在百万分之一个大气压的真空中被点亮。这种灯丝持续燃烧却不见消耗,有些甚至可以燃烧数百个小时。"这段文字告诉人们碳丝灯照明的情景,也让人们知道爱迪生的助手也十分厉害。

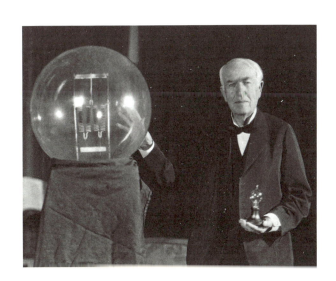

>>> 爱迪生和他第一颗
    白炽灯的复制品

这种采用高温技术抽制碳纤维的方法，一直沿用到今天，只不过是温度的高低出现了巨大变化。在高温下，纤维材料开始出现了碳化反应，进而演变成一种新型的丝状材料，而这便是早期的碳纤维，当时人们称它为"碳丝"。爱迪生关于碳丝的实验告诉人们，看起来高大上的碳纤维，在本质上只不过是被高温碳化的纤维材料而已。

在爱迪生申请的一份专利（US223898，1880）中，记录了碳丝发光的情景："卷曲碳丝或薄碳片在通电时起到电阻作用，将其密封在高真空度的玻璃容器中，可以避免该导体在空气中因氧气而损坏。"这份碳丝制作的电灯在 1879 年 10 月 21 日持续发光达 45 小时，从而开创了人类使用电灯的新纪元。

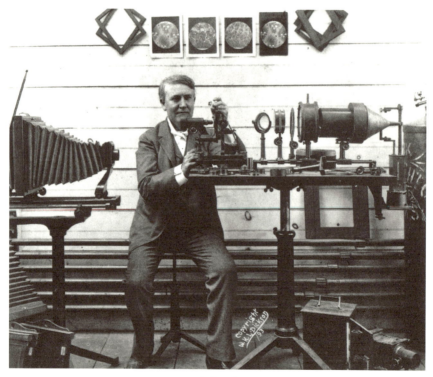

>>> 工作中的爱迪生

也有一些资料记载，爱迪生能够成功发明碳丝，是由于斯旺向他转让了专利，他才顺利地找到了碳丝的发明路径。但这种可能性似乎不大，因为他们制取灯丝的方法并不相同，尤其是爱迪生采用真空照明，这是斯旺的技术中不存在的"核心技术"。

不管真相到底如何，有一点是肯定的，斯旺对碳丝的发现比爱迪生要早一些，而爱迪生解决了真空照明的问题。爱迪生以纤维素为原料制成的碳丝作为灯丝，制成了实用的白炽灯，并在世界范围内推广，是人类历史上首次使用"碳纤维"。

不过，早期的碳纤维材质结构不稳定，易碎，实用性差，只能做到耐高温而已，导致电灯寿命太短，频繁地更换电灯泡成了使用者的一大负担。因此，在1910年前后，库里奇（Coolidge）等人发明了拉制钨丝法后，就轻松地取代了碳丝作为灯丝，并沿用至今。

脆弱的碳丝开始淡出人们的视野，人类历史上首次商业化使用碳纤维的历程也告一段落。但是，在照明过程中，人们发现碳丝密度小、强度高、耐氧化等特点是以往很多材料无法相比的，因此，不少科学家仍然在继续探索制取碳丝的方法，但一直无法取得较大的进展。

20世纪50年代，碳丝的研制又得到了极大的重视，原因是美国要获取　种应用于战略武器的耐高温和耐烧蚀的材料。这种为称霸世界的杀人武器服务的行动，却让沉寂多年的"碳丝"摇身一变，以碳纤维的名义发展成为世界工业体系中一种举足轻重的新型材料。

从脆弱的灯丝到冬奥会绚烂的火炬，在这漫长的140余年里，碳纤维的发展历史不仅展示出人类发明创造的聪明才智，世界各国也在军事工业、航空航天等领域的竞争中上演了你死我活、尔虞我诈的肉搏大剧。

研制碳纤维的初心很暴力

回顾人类科技发展史，会发现一个令人惊诧的现象：很多发明与创造并不是为了和平建设和社会进步开始的，而是为了在战争中或是在冷战中战胜对方而进行的。也就是说，这些科研初心和伟大一点都不沾边，反而和战争、血腥、杀戮联系在一起。碳丝的进一步研究并取得了惊人的成果也是如此。

20 世纪 50 年代，美国与苏联进入冷战。美国空军为了能够在随时可能发生的太空大战中获胜，开始寻找一种航天用的耐高温烧蚀、强度大且重量十分轻的太空材料。如此苛刻的要求一提出来，就有专家马上就想到了碳丝。

美国军方听从了专家们的建议，迅速投入大量人力物力开始研制这种材料。最终，美国空军以黏胶纤维为原料试制碳纤维获得了成功，并根据它所具有的柔软的特性，将其命名为"碳纤维"（carbon fiber）。从此，碳丝的名称成为明日黄花，更加高贵的碳纤维成为新名号。

碳纤维出现的起点颇高，首先被用作火箭喷管和鼻锥的烧蚀材料。固体火箭发动机喷管部位的烧蚀条件极为苛刻，选择耐烧蚀材料时要考虑其力学性能、热稳定性、成碳特性等。最终，新研发的碳纤维应用效果得到了军方的认可。至此，碳纤维咸鱼翻身，从地上到天上，完成了自己在应用领域的乾坤大挪移。

正如尿不湿、气垫鞋、脱水蔬菜都是从美国航空航天局走向民用领域一样，碳纤维作为美国航空航天局在材料界找到的"新欢"，也备受疯狂追逐利润的资本家们的重视，都想率先抢占市场，捞上一笔。

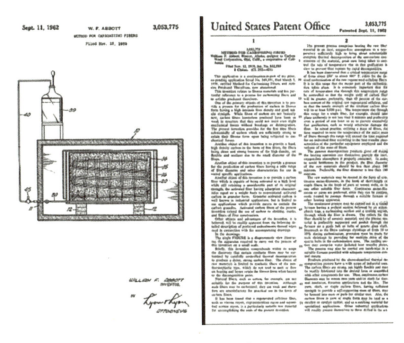

>>> 阿博特获得的美国专利

在这些人中，威廉姆·F. 阿博特（William F.Abbott）发明了碳化人造纤维提高碳纤维性能的方法。他还作为卡本乌尔公司的委托人，于 1962 年 9 月 11 日获得过美国专利授权。阿博特专利的技术要点是"一种生产固有密度高、拉伸强力好的纤维形态碳材料的加工工艺"。当时的碳纤维在很小的机械力作用下，就会断裂。阿博特的发明称，其可使碳纤维的碳密度和硬度更高，在机械力作用时保持纤维形态不被破坏，且直径更小、表面更光洁，柔韧性和弹性更好。原料方面，必须采用黏胶纤维、铜氨纤维和皂化醋酸纤维等再生纤维素纤维及合成纤维，不能采用天然纤维。

阿博特的专利后来转让给了美国另外一家公司。1957年，这家公司开始商业化生产棉基或人造丝基碳纤维复丝，产品具有耐高温、耐腐蚀等特点，可以用来生产绳、垫和絮等产品，也可独立用作吸附用活性碳纤维，但一直没有被军方采用，因此影响十分有限。

20世纪50年代末，美国联合碳化物公司（UCC）在克利夫兰市建立了帕尔马技术中心，从事基础科学研究。凯斯理工学院毕业的罗格·贝肯（Roger Bacon）于1956年加入了帕尔马技术中心。他在观察碳的固、液、气态变化过程中的温度和压力时，发现当压力较低时，直流碳弧炉负极上的气态碳能够生成石笋状的长丝。这些长丝最长达1英寸，直径只有人的头发的1/10，却可承受弯曲和扭结而不脆断，令人十分惊奇。

凭借新发现的这种石墨长丝的生成原理，美国联合碳化物公司于1959年试制生产出了一种名为"Thornel-25"的强度与模量极高的量产型碳纤维材料，投放市场后受到了军方欢迎。美国空军材料实验室（America Air Force Materials Laboratory）很快就采用这种碳纤维作为酚醛树脂的增强体，研制了用于导弹和火箭等航天器热屏蔽层的复合材料。

知识链接

灰化温度

又称分解温度。在原子吸收分析高温石墨炉原子化法的灰化阶段中，为了挥发去除试样中晶体组分，石墨炉所需达到的温度。

这种材料的作用十分重要，航空器返回大气层时，在壳体与大气剧烈摩擦过程中，酚醛树脂在吸收大量高热之后会缓慢分解，而作为增强体的碳纤维则可以确保酚醛树脂不被完全烧毁，保证导弹或火箭完成在大气层中的行程。不过，背负如此重大使命的Thornel-25却有着当时无法解决的问题：碳化收率太低，只有20%，导致价格贵得惊人。根据当时黄金的价格来计算，同等质量的碳纤维比黄金还昂贵。高昂的造价成为碳纤维向民间普及的最大障碍。

美国科学家在丙烯腈的研究上也取得了一些成果。早在 1945 年左右，美国联合碳化物公司的温特（L.Winter）在研究中发现丙烯腈在灰化温度下不熔融的特性，他认为丙烯腈能够制成纤维形态的碳材料。1950 年，该公司的胡兹（Houtz）又发现在空气中、200℃下对丙烯腈纤维进行热处理，制得的产品具有很好的防火性能……这些发现都是研发高性能聚丙烯腈基碳纤维技术的重要节点。但是，由于美国科学家仍将研究重点放在人造丝基碳纤维技术上，从而错过了聚丙烯腈基碳纤维技术的发展机遇。

>>> 碳纤维

两个男人爱恋一缕"青丝"

以聚丙烯腈为原料制作碳纤维是目前国际上制作碳纤维的主流技术。这个过程简单说来，就是将从石油中提炼出石脑油，先裂化生产丙烯再加工成丙烯腈，经过聚合后成为聚丙烯腈，然后再经过一系列加工、纺丝后，再经过碳化制出丝状的碳纤维。而采用这种方式获取"青丝"的第一个男人就是日本的进藤昭男（Dr.Akio Shindo)。

1959 年 5 月 29 日的《日刊工业新闻（Nikkan Kogyo Shimbun)》"海外技术专栏"刊登了一则简讯，介绍了美国联合碳化物公司人造丝基碳纤维的研究进展。简讯内容为：美国国家碳材料公司成功研究人造丝经高温处理制备碳纤维的技术，所获碳纤维的碳含量达 99.98%，具有耐高温、耐氧化、耐化学腐蚀等特性，可加工成毡、布和绳等制品，也可用作塑料和耐火材料的耐高温填充料、热电元件、电子管隔栅等。正是这则短讯，让进藤昭男揭开了日本碳纤维技术研究的序幕。

>>>《日刊工业新闻》

时年 33 岁的进藤昭男毕业于广岛大学，1952 年加入大阪工业技术试验所，在第一碳材料研究室从事高密度碳制品和核反应堆用碳材料技术研究。他在这一年恰好读到了这则简讯，引发了他对碳纤维的浓厚兴趣。仅一个月后，他就启动了碳纤维生产技术的研究。

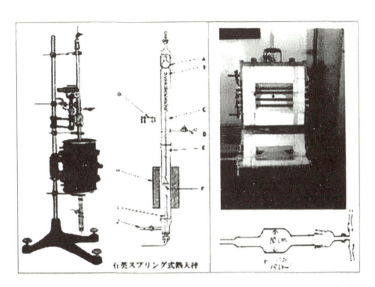

>>> 进藤昭男研究 PAN 基碳纤维曾使用的石英式差热天平和实验装置

为了找到合适的原料，他到百货商店收集了各种织物的布料，然后在充入氮气的卧式炉中，内插直径为 10 厘米、长度为 15 厘米的石英管，把切短的各类纤维放入石英管中，进行了大量的条件实验，经过不同的高温热处理，并使用石英式差热天平观察其变化。

在实验中，美国一家公司生产的聚丙烯腈纤维织布经热处理后，仍然以黑色绒毛状小球的形态存在，这就是最早发现的聚丙烯腈碳纤维。进藤昭男发现聚丙烯腈的热稳定性非常好，碳化后的成分中含有高比例的碳，保持了纤维形态且强度大、模量高。再经更高温度热处理，就可得到碳纤维。在进一步的实验中他还发现，在空气中而不是在氮气中进行热处理，能获得更高质量的聚丙烯腈碳纤维，碳转化率达 50%～60%，这些研究奠定了碳纤维产业化的两种技术基础，即氧化和碳化。

1959 年 9 月，进藤昭男向日本专利局提出了一项 PAN 基碳纤维生产工艺技术的专利申请，其要点是一种制造碳或石墨材料的方法。1961 年

第 317 期《大阪工业技术试验所报告》发表了进藤昭男的研究成果。1963
年他获得了该项专利。同年，美国碳材料学会在匹兹堡大学召开第 6 届
双年度学术会议，他在会上首次公开发表了题为《PAN 纤维的碳化过程》
的研究报告。

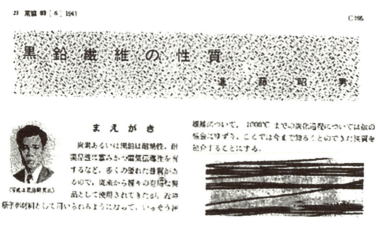

>>> 进藤昭男 1961 年发表在内部刊物上的研究报告

在后续的研究中，有一位名为珀斯特尔奈克（Postelnek）的美国军
官帮了进藤昭男不少忙。他在 1965 年访问大阪工业技术试验所时告诉进

>>> 进藤昭男

藤昭男，PAN 基碳纤维最突出的性能应该是
力学强度和弹性模量，而此前进藤昭男一直
把柔韧性、耐热性和导电性作为 PAN 基碳
纤维的应用研究方向。珀斯特尔奈克的提示
成为进藤昭男研究的一个重要转折点。由此，
PAN 基碳纤维技术研究转向到了先进结构材
料的应用上。这一转变大大激发了企业参与
碳纤维研究的热情，工业应用进程大幅加快。

如今，可以采用腈纶纤维、沥青纤维等

多种原料生产碳纤维。但进藤昭男发明的采用聚丙烯腈纤维经过高温等方式制取碳纤维，仍然是世界上最重要的生产方式。在这个过程中，透明的聚丙烯腈纺丝溶液，穿过有成千上万个微米级小孔的喷丝板，喷出的白丝被数不清的轮子拉扯着向前，穿过蒸汽、蹚过油剂，再穿过烘干机，越扯越细，直到每根丝如羊毛一般。之后，白丝被运到另一条生产线上，继续被轮子拉扯向前。数百摄氏度的氧化炉，让白丝变得焦黄；上千摄氏度的碳化炉，又让黄丝变得乌黑。千锤百炼后，"人工羊毛"变成"黑色黄金"。

进藤昭男为聚丙烯腈碳纤维的生产研发找到了一种基础路线。但是，进藤昭男并没有造出高性能的碳纤维，原因是他的工艺路线造出的碳纤维晶体取向无序，有点乱。所以，1962年日本公司制造的聚丙烯腈碳纤维只是找到了路径，但并未走到成功的终点。

这个时候，有一位叫威廉姆·瓦特的英国人在进藤昭男研究的基础上，向前冲刺了一大步，为聚丙烯腈碳纤维的研发作出了贡献。瓦特生于英国的苏格兰，1936年6月从爱丁堡赫瑞瓦特大学毕业后，成为英格兰范堡罗空军基地内的英国皇家飞机研究中心的一名科研人员。当时，皇家飞机研究中心已经开始研究用石棉及无机纤维作树脂增强体。但是，瓦特认为石棉不能制成长丝，不是最佳的树脂增强体，只有碳纤维才能胜任这项工作。

>>> 威廉姆·瓦特

皇家飞机研究中心十分支持瓦特的想法，放手让他进行大胆的研究。最终，瓦特用聚丙烯腈纤维做试验，得到了比玻璃纤维模量还高的碳纤维。瓦特研制的聚丙烯腈基高模量碳纤维最大的特点是克服了进藤昭男的

碳纤维晶体取向无序的缺点，让聚丙烯腈原丝经过氧化和碳化过程生成了新的更稳定的石墨结构。

在世界碳纤维的发明史上，进藤昭男发明了用聚丙烯腈原丝制造聚丙烯腈基碳纤维的新方法，而瓦特打通了制造高性能聚丙烯腈基碳纤维新工艺，使聚丙烯腈基碳纤维成为主流产品。借助日本和英国两个男人的聪明才智，聚丙烯腈碳纤维最终成为各类增强碳纤维中的龙头老大。

但此时碳纤维的生产价格仍然居高不下，瓦特的发明也没有帮助英国碳纤维产业实现快速发展。瓦特曾向美、日转让了他的碳纤维生产技术，东丽公司借此快速胜出。同样受困于价格的制约，东丽公司长期无法实现盈利。有资料显示，东丽公司从进藤昭男 1961 年发明聚丙烯腈碳纤维以来，到 1971 年在世界率先实现碳纤维量产，花费了超过 1400 亿日元从事研究开发，一直都处于亏损状态。但是东丽公司的坚持让它成为最后的赢者，目前为止它仍然是世界高强度碳纤维生产厂商的领军者。

>>> 聚丙烯腈碳纤维

东丽公司的坚持最终给它带来了回报，2003 年，波音 787 客机的材料供货合同自天而降，当年碳纤维的年产量跃升至 7000 吨，终于实现了赚钱大梦。到了 2012 年，产量已经扩大到了 18000 吨。自波音开始，碳纤维成为飞机等航空产品不可或缺的材料之一。

钓鱼竿钓出的战斗机

碳纤维作为一种先进的基础材料，在天可以造航天飞机、战斗机和飞船，在地可以生产汽车、建筑、风电叶片和保温材料，生活中还可以生产球拍和鱼竿等小物件。由于其军民两用的特殊性，欧美对于碳纤维技术进行了严密的封锁，一直全方位地打压中国企业的碳纤维生产，甚至不惜采用钓鱼执法等手段，保持垄断地位。

2013 年，一名中国商人张铭算因在美国购买碳纤维被判监禁 57 个月。2015 年，日本兵库县一家贸易公司董事长等 3 人因经韩国釜山向中国出口 3500 千克碳纤维被日本警方逮捕，这是日本首个警方逮捕涉嫌违法出口碳纤维人员的案例。2016 年，江苏商人马立颂在美国以 400 美元价格购买了 1 千克 T-800 碳纤维而被投入了监狱。

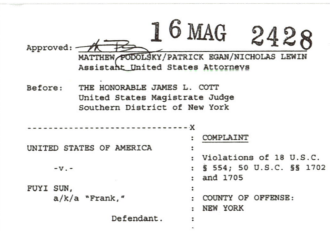

/// 美国纽约市地方法院签发的起诉马立颂的文件

美国和日本等国家用钓鱼执法的手段疯狂围堵碳纤维技术流向中国，主要是阻止中国军用碳纤维的应用。中国为了在航空航天等领域补强碳纤维的应用短板，虽然在20世纪60年代已经开始启动了碳纤维技术的研究，但长期无法取得进展。

1975年，国防部科工委主任张爱萍亲自主持召开了一次专题会议，部署国内碳纤维研究工作，并制定了10年发展规划，组织了原丝、碳化、结构材料、防热材料、测试检验技术5个攻关组，分别负责原丝、碳化、结构、隔热和测验技术研究。

这次会议对促进中国碳纤维研究起到了重要推动作用，吉林化学工业公司等参与单位陆续生产出不同质量的原丝和碳纤维，虽然其力学性能较差、稳定性不好、应用范围有限，年产量也只有1.5~2.0吨，但毕竟解决了有无问题。成效较差的主要原因就是技术和设备双重"卡脖子"。这时，能否引进国外先进设备的问题提上了日程。

最终，吉林化学工业公司经过谈判、考察，最终花费450万美元购买了一些碳化设备及相应测试仪器。1990年，经过多次试车，预氧化炉尚可，碳化炉始终开不起来。全套设备始终无法正常运转，最后只能当废铁卖了。即便是购买单件设备也往往遭遇政治壁垒，上海碳素厂力图从美国引进设备，却因美国国防部干涉无疾而终。

中外碳纤维产业技术差距达到30年以上，一根细细的碳纤维紧紧地卡着中国军工材料的脖子。2000年初，有一个人站了出来，立志要为中国碳纤维的发展做点什么，他就是快80岁的师昌绪院士。这一年，"863计划"新材料领域成立了师昌绪为组长的软课题组，开始进行"聚丙烯腈基碳纤维发展对策研究"。2001年1月，师院士给中央领导写了《关于加速开发高性能碳纤维的请示报告》，坦陈碳纤维技术研发的重要意义。

2001 年 10 月,科技部决定设立碳纤维专项,在师昌绪院士的引领下,中国向碳纤维领域又发起一次冲锋。光威复材、恒神股份、中复神鹰等几十家碳纤维企业脱颖而出,其中民营企业光威复材是杰出的代表。

光威复材创办者为陈光威。1987 年,陈光

>>> 担任渔具厂厂长时的陈光威

威创建了一家靠给环球渔具代工赚点辛苦费的小企业。经过多年积累有一点积蓄后,陈光威决定倾其所有打造第一条国产化钓竿生产线。他于 1991 年赴美国洛杉矶参加了第 34 届世界渔具博览会,顺利拿下了很多国际订单。

当时,世界上出现了一种用碳纤维制造的鱼竿,不仅极轻而且性能特别离谱,最高售价接近上万元。陈光威一看就动了要造碳纤维鱼竿的心思。回国之后,陈光威倾尽所有,建成了自己的碳纤维鱼竿生产线,但原料碳纤维主材需要从日本东丽公司进口。即便从日本公司进口碳纤维,造鱼竿也是个暴利生意。

当时,欧美对出口到中国的碳纤维实施限制政策,允许将低端的碳纤维卖给中国,但只能用作民用产品,不能军用。在这种条款下,光威集团采购碳纤维的时候不仅要被迫签订一堆条条框框,厂方还要不定时派人来光威集团核查,监督光威买来的碳纤维数量是不是和造出来的鱼竿数量对得上。更过分的是,供不供货、什么价格供货都要看日企的脸色,这种

"通知式涨价、赏赐性供给"让陈光威很受伤。

这样的进货模式维持到了1999年，脾气火爆的陈光威受不了，他说："泱泱大国，岂能仰人鼻息？"他决定自己研发碳纤维。你们外国人不是说碳纤维是人类顶级科技很难搞吗？我不试试我怎么知道难不难搞？同样是两只脚，你能搞我为什么不能搞？碳纤维利润那么大，凭啥让你独吞那么多，还设这么多的条条框框？

说干就干，1998年，陈光威花费几百万美元从国外进口了中国第一条宽幅碳纤维预浸料生产线。这是一条已经淘汰的生产线，对方不提供任何服务，买回来后他们连怎么用都不会。陈光威招聘了一些技术人员，其中最为重要的科研人才是曾经担任中国石油天然气股份有限公司吉林石化公司研究院总工程师的陈光大。他自1975年开始从事碳纤维的研发工作，成功制备了"硝酸一步法碳纤维"而获得国家级奖励。此时，陈教授已经退休，2000年他正式受聘成为光威碳纤维研发的技术带头人。就这样，陈光威任项目总负责人，陈光大教授任技术带头人，他们夜以继日地研究起了碳纤维。

陈光威以生产钓鱼竿的条件，开始了挑战碳纤维的壮举。研发的艰难确实出乎他的预料，一晃就是4年，远超光威集团以前任何新产品研发周期的纪录。超高的研发投入耗干了光威集团的家底，陈光威一气之下把自己的房子也拿去抵押了，筹集资金继续研发。后来，有人赞誉陈光威是破釜沉舟的"民族英雄"，与他决绝投入科研的姿态不无关系。

此时，师昌绪院士牵头的碳纤维"304专项"被纳入了"863计划"，陈光威的研发也被纳入其中。2003年11月，聚丙烯腈碳纤维独立考评数据第一次盲测结果出炉：6家国内优势单位生产的碳纤维，无论强度、模量还是伸长率，没有一家达到东丽公司T300的标准，无法军用。

光威集团的碳纤维是最后送来进行盲测的，检验结果是该公司碳纤维质量达到了东丽公司 T300 的标准，可以军用。这意味着我国国防建设所需关键材料 T300 碳纤维可以自给自足了。闻听此消息，陈光威这个自小不流泪的山东汉子双眼湿润了。是研发过程太过于艰难，还是为国干了一件有意义的大事而激动万分？也许只有他自己知道。

知识链接

碳纤维型号

商业化的聚丙烯腈基碳纤维通常用不同的英文字母开头表示不同的力学特性，T 字母开头的为高强度级别的碳纤维，M 开头的为高模量级别碳纤维，而用 M 开头、J 后级的为高强高模（M-J）级别的碳纤维。T300、T600、T700、T800、T1000 都是高强度级别碳纤维的型号。

2005 年，国家宣布光威集团的碳纤维通过了"863 计划"验收，开了民营企业参与国家科研项目的先河。从此，碳纤维不仅可以用于制造多款军用战机，还可以用在民航客机、高档数控机床、机器人、航空航天装备等方面，是绝对的国之重器。钓鱼竿和歼 20 的机身用的是同一款碳纤维，这就是陈光威的贡献。

光威集团在卖碳纤维这条路上越走越远，继续投入大量资金进行技术升级，研发出的碳纤维越来越强。2013 年突破了国产 T800 级高性能碳纤维的核心技术，2014 年实现了工业化生产。在参与有关部门立项的"国产 T800H 级碳纤维"和"高强高模碳纤维"两个"一条龙"项目全国评比中，光威都获得了全国第一名。

随着光威集团碳纤维的量产，国际上的 T300 级等中低端碳纤维价格进入了"崩盘"阶段，在 2005 年之前，它的价格一度被炒到 8000 元 / 千克，而当中国实现了批量生产后，这一价格在 2007 年降到了每千克不到 200 元，甚至连一些设备也解除了封锁。

陈光威的贡献是不能用经济效益来衡量的。近20年来，光威集团陆续承担了国家"863计划"多个项目和国家重大科研工程项目，成为我国最早实现碳纤维核心装备国产化，最早提供国产碳纤维给我国国防军工领域应用的企业。目前，光威是我国军工领域碳纤维的主力供应商，是我国军用碳纤维市场的领军者。

2017年4月18日，时任山东省委书记刘家义看望陈光威时说："你为国家作出了巨大的贡献，是一个真正的民族英雄！"然而，4天之后，陈光威就因病从工厂直接送进了医院。2017年4月22日，陈光威积劳成疾，医治无效，不幸逝世。

2018年2月3日，陈光威被中国化纤协会追授了"碳纤维产业突出贡献奖"。颁奖词写道："陈老先生一生为中国碳纤维产业鞠躬尽瘁，虽然他永远离开了我们，但他的名字和精神将永远铭记在碳纤维人心中，铭记在祖国和人民心中，载入史册，继续激励我们在推动以碳纤维为代表的高性能特种新材料的发展中不断奋进。"

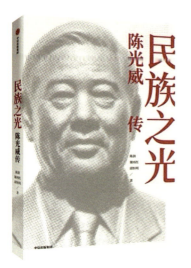

>>> 陈光威传记

C919 大飞机背后的"神鹰"

2023 年 5 月 28 日，国产大飞机 C919 从上海虹桥机场起飞，在北京首都机场平稳降落，穿过象征民航最高礼仪的"水门"，顺利完成这一机型全球首次商业载客飞行。C919 的成功商飞，再一次让国人对大型客机的制造技术、发动机技术、材料合成技术等话题产生了兴趣。

碳纤维等复合材料在 C919 的材料设计中高达 12%，是其减重瘦身的关键，而且 C919 大型客机是国内首个使用 T800 级高强碳纤维复合材料的民用飞机型号。公开资料显示，新材料使体型较大的 C919 减重 7% 以上。因此，C919 被认为"在我国材料领域具有里程碑式的意义"。而在 C919 大飞机碳纤维复合材料背后，站立着很多中国材料攻关企业，其中之一就是中复神鹰；而在中复神鹰的飞行轨迹上，站立着一个神鹰般的企业家、科学家，他就是张国良。

>>> C919 一飞冲天

　　1982 年，张国良从武汉理工大学毕业后，被分配到连云港纺织机械厂工作。作为厂里为数不多的大学生，他潜心钻研业务，很快成长为技术骨干。1992 年，在工厂经营不善、濒临倒闭之时，他临危受命，当上了"受罪厂长"。此后，张国良果断瞄准市场需求，和技术人员一起研发出烫光机，顺利摆脱企业发展困境。2001 年，他又带领纺机厂进行了股份制改造，并起了个响亮的名字"鹰游"。

　　2005 年上半年，作为全国人大代表的张国良到北京参加两会。会议期间，他从几位材料专家那里了解到碳纤维在国内发展的现状。碳纤维是国家安全、武器装备急需的关键战略物资，正因为如此，掌握这项技术的日、美等少数国家长期实行技术封锁和垄断，导致碳纤维在我国市场始终供不应求。尤其是高端的碳纤维，我国已经到了无米可炊的地步，严重影响了国家的经济建设和国防发展。

　　听到这里，一腔最朴素的爱国情愫在张国良的胸怀里荡起。为什么美国人可以，日本人可以，我们中国人就不行？作为一个企业家，要敢于冒风险为国家分担困难！这种强烈的使命感让张国良下决心全力投入碳纤维的产业化之路，去改变我国在这一领域受制于人的局面。为了获取国家的立项支持，他给时任江苏省科技厅厅长的王永顺写了一首散文诗作为申请报告："我在实现一个梦想，我被梦中的激情所燃烧，我要做出中国人自己的碳纤维。"

　　中国科学院山西煤炭化学研究所的贺福教授将他的毕生心血《碳纤维及其复合材料》《碳纤维及其应用技术》送给了张国良，叮嘱他千万不要半途而废。这两本书成为团队最初攻关路上的指南和明灯。在那段时间，张国良几乎查遍了有关碳纤维的所有资料，记下 3000 多个主要工艺数据。他每天读书十几个小时，半年时间里，阅读过的相关书籍和资料摆在一起高度超过了姚明。他也赢得了"碳痴"的称号。

2005 年 9 月，鹰游集团碳纤维项目正式立项，张国良将其命名为"9·29"项目。不久，连云港郊外那一片长满芦苇的盐碱地上灯火通明、热火朝天，碳纤维攻关的厂房建设和设备安装与调试几乎在以超常规的速度和时间进行着赛跑。在没有国内经验可以借鉴、国外技术又遭封锁的情况下，张国良团队完全凭借自己的摸索搭建起年产 500 吨碳纤维原丝生产线。

在试产刚刚启动时，工程技术人员都没有操作过如此大规模生产线的经验，加之原材料易燃易爆，张国良亲自在操作台上操作。他三天三夜没出控制室，就坐在实验室的一条长板凳上，也不觉得困，看到窗外海滨日出日落的更替，才忽然发觉一天又过去了。

工厂离张国良家 13 千米，他最长连续 74 天没回家，生产线每天都开着，耗费着巨大的成本，他根本想不起回家。在项目最艰苦的那两年，他和技术人员一直坚守在一片盐碱滩的工厂现场，吃睡就在生产线旁边。当时的条件十分艰苦，蚊虫很多，有朋友来现场，就发一个苍蝇拍，让客人边打苍蝇边聊天。儿子不回家，八十多岁的老母亲想儿子了，也会经常来到现场看望他。

随着生产线规模不断扩大，技术成熟度不断提升，中复神鹰在 2007 年成功生产出第一批碳纤维；2010 年，100 吨 T300 级碳纤维规模生产，为中国打破发达国家对国内碳纤维市场的长期垄断再添新砝码。

我国在湿法碳纤维技术取得重要进展的同时，国际上的碳纤维强国在全力发展干喷湿纺技术，已经成为高性能碳纤维的全新技法。与湿法碳纤维相比，采用干喷湿纺工艺可以大幅提升力学性能和生产效率，大幅降低能耗。但干喷湿纺是行业公认的难以突破的纺丝技术，仅有日本和美国两家企业掌握相关制造技术及装备。

知识链接

干喷湿纺

工业生产聚丙烯腈纤维主要有干法、湿法和干喷湿纺（干湿法）。干湿法兼备干法和湿法的优点，纺丝液经喷丝孔喷出后不立即进入凝固浴，而是先经过空气层（也叫干段或干层），再进入凝固浴进行双扩散、相分离和形成丝条。该方法可以生产高性能碳纤维原丝。

张国良敏锐地认识到，通用级 T300 碳纤维已难以适应航空及新兴工业对高性能碳纤维的需求，干喷湿纺工艺生产的 T700 级以上碳纤维是现代化国防之急需，是国防尖端设备制造中最重要的新材料，这种新材料在抗变形、耐温差、减轻重量等方面都发挥着至关重要的作用，将是今后碳纤维的主流。

核心技术买不来，关键的设备看不到，他还是果断地吹响了向 T700 级以上碳纤维进军的号角。"中国的新材料要想打一场翻身仗，想在碳纤维产业化的道路上取得关键性突破，除了自主创新之外，没有别的路径可走！"张国良激愤地说。

"干喷湿纺千吨级高强/百吨级中模碳纤维产业化关键技术及应用"项目，生产线 600 米长，整个生产过程有 3000 多个工艺点，技术难题就像一座座山摆在面前，令人手足无措。在难题面前，张国良几乎天天跟工程师们在一起，探讨产品、探讨技术。所有的工程设计、机械设计，每一条设备的安装，每一条工艺的制订，张国良都是直接的决策者和参与者。

经过 3 年多的艰苦摸索和实验，中复神鹰立足自主创新，突破了干喷湿纺碳纤维的核心技术难题，取得了一系列重大科技成果。他们创新开发了大容量聚合与均质化原液制备技术，攻克了高强、中模碳纤维原丝干喷湿纺关键技术，自主研制了聚丙烯腈纤维快速均质预氧化、碳化集成技术，首次构建了具有自主知识产权的干喷湿纺千吨级高强、百吨级中模碳纤维产业化生产体系，实现了高性能碳纤维高效生产，产品达到国际同类产品先进水平，成为我国首个，也是世界上第三个攻克干喷湿纺工艺难题的企业，填补了国内以干喷湿纺工艺为代表的高性能碳纤维生产技术的空白。

在人民大会堂召开的 2017 年度国家科学技术奖励大会上，"干喷湿纺千吨级高强 / 百吨级中模碳纤维产业化关键技术及应用"项目荣获国家科技进步奖一等奖。中复神鹰碳纤维公司董事长张国良以该项目第一完成人的身份，在北京人民大会堂领取了奖状。

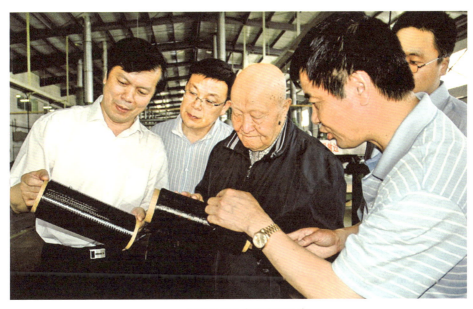

>>> 师昌绪院士考察中复神鹰

张国良还先后荣获"何梁何利基金科学与技术创新奖"、俄罗斯中国工程院"格里什曼洛夫"最高材料金奖，获国家专利 100 多项，发明专利 30 余项，国家级奖励 20 项，省部级奖励 30 余项。张国良不仅是一位杰出的企业家、科学家，还是一位优秀的作家，他的散文集《海州湾的黎明》已经由人民出版社出版。

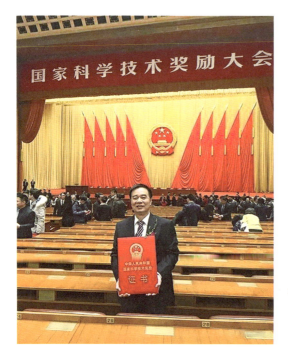

>>> 2018 年，"干喷湿纺千吨级高强／百吨级中模碳纤维产业化关键技术及应用"项目荣获国家科技进步奖一等奖

在全球航空航天领域，"一代材料，一代装备"是一句至理名言。除了在 C919 飞机上得到应用之外，中复神鹰的碳纤维材料还在中国神舟飞船碳纤维材料操纵棒、人造卫星结构体、太阳能电池板、火箭外壳和无人机外壳等项目中得到了大规模的应用。

从一个生产纺织机的厂长，到为航空航天器编织碳纤维的科学家，张国良站在行业制高点上，仍如振翅翱翔的雄鹰，带着梦想搏击长空，正在寻找下一个新的起点。

参 考 文 献

安妮·特勒古耶，2010.ETFE 的技术与设计［M］.姜忆南，李栋，译.北京：中国建筑工业出版社.

奥林，2013.薄膜材料科学［M］.2 版.刘卫国，蔡长龙，梁海锋，译.北京：国防工业出版社.

蔡萌，杨戈，2018."碳"人生无限精彩——记 2017 年度国家科技进步奖一等奖获奖者、中复神鹰碳纤维有限责任公司董事长张国良［J］.中国科技奖励（2）：32-37.

曹振宇，2009.中国近代合成染料染色史［M］.西安：西安地图出版社.

曹振宇，2009.中国染料工业史［M］.北京：中国轻工业出版社.

陈润，谢再红，邱恒明，2020.陈光威传［M］.北京：中信出版社.

戴厚良，2014.芳烃技术［M］.北京：中国石化出版社.

范重，2011.国家体育场鸟巢结构设计［M］.北京：中国建筑工业出版社.

弗莱恩克尔，2013.塑料的秘史：一个有毒的爱情故事［M］.龙志超，张楠，译.上海：上海科学技术文献出版社.

弗兰克·A.冯·希佩尔，2023.化学改变世界［M］.胡婷婷，译.重庆：重庆出版社.

福建师范大学环境材料开发研究所，2015.环境友好塑料［M］.北京：科学出版社.

高峰，2014.药用高分子材料学［M］.上海：华东理工大学出版社.

高伟，2020.20 世纪北美胶合板行业发展历程（Ⅰ）［J］.中国人造板，27（9）：28-32.

顾宜，李瑞海，2018.高分子材料设计与应用［M］.北京：化学工业出版社.

顾继友，1999.胶粘剂与涂料［M］.北京：中国林业出版社.

郭平，2023."国旗红"染料沈阳诞生始末［N］.辽宁日报，2023-08-04.

郭保章，1998.20 世纪化学史［M］.南昌：江西教育出版社.

韩冬梅，2019.发明的故事［M］.哈尔滨：哈尔滨出版社.

何法信，宋心琦，2012.走近化学丛书·科学发现真伪辨：现代化学史上的重大事件［M］.长沙：湖南教育出版社.

何纪纲，2001.五彩缤纷：高分子世界漫游［M］.2 版.长沙：湖南教育出版社.

贺福，2010.碳纤维及石墨纤维［M］.北京：化学工业出版社.

贺行洋，2012.防水涂料［M］.北京：化学工业出版社.

古贵祥，2017.趣味农药故事［M］.北京：经济日报出版社.

金宪宏，2010.关于建筑学的 100 个故事［M］.南京：南京大学出版社.

李东光，2013. 胶黏剂配方与生产［M］. 北京：化学工业出版社.

李可锋，江磊，2012. 化学传奇［M］. 太原：山西教育出版社.

李平辉，戴春桃，2011. 氨的合成与生产［M］. 北京：化学工业出版社.

李银珠，2011. 化妆品王国的秘密［M］. 北京：商务印书馆.

林格，2000. 唇之艳：口红文化及适用性指南［M］. 北京：金城出版社.

刘淑强，吴改红，2015. 常用服装辅料［M］. 上海：东华大学出版社.

刘长令，柴宝山，2013. 新农药创制与合成［M］. 北京：化学工业出版社.

罗玛，2010. 服装的欲望史［M］. 北京：新星出版社.

马金石，王双青，杨国强，2011. 你身边的化学创造美好生活［M］. 北京：中国轻工业出版社.

倪思洁，2024. 他们为中国高性能碳纤维闯出一片天［N］. 中国科学报，2024-02-19（4）.

潘鸿章，2011. 化学与日用品［M］. 北京：北京师范大学出版社.

钱坤，曹海建，甯科静，2018. 纺织复合材料［M］. 北京：中国纺织出版社.

琼斯，2011. 美丽战争化妆品巨头全球争霸史［M］. 王苗，顾洁，译. 北京：清华大学出版社.

裘炳毅，高志红，2016. 现代化妆品科学与技术［M］. 北京：中国轻工业出版社.

莎伦·罗斯尼尔·施拉格，2008. 有趣的制造：从口红到汽车［M］. 张琦，译. 北京：新星出版社.

山田真一，1989. 世界发明史话［M］. 王国文，等译. 北京：专利文献出版社.

上海化工研究院，1975. 化肥工业知识［M］. 北京：石油化学工业出版社.

石岩，2011. 微笑着读完趣味化学［M］. 北京：金城出版社.

苏铁熊，吕彩琴，2011. 车辆工程材料［M］. 北京：国防工业出版社.

孙少波，叶建华，翟瑞龙，等，2021. 中国工程院院士传记·蒋士成传［M］. 北京：中国石化出版社.

唐波，2013. 走进化工世界［M］. 济南：山东科学技术出版社.

唐丽，2011. 建筑设计与新技术、新材料从世博建筑看设计发展［M］. 天津：天津大学出版社.

唐建光，2011. 时尚史的碎片［M］. 北京：金城出版社.

唐忠荣，2015. 人造板制造学［M］. 北京：科学出版社.

铁流，2011. 国产 T800 纤维性能赶超日本，曾被西方国家禁运［EB/OL］.（2017-03-28）［2024-08-22］https://www.163.com/dy/article/CGI1BQBO0511DTU9.html

汪建沃，2013. 正眼看农药：当代中国农药问题随笔［M］. 长沙：中南大学出版社.

王颖，吴雅楠，2013. 图说庞大的材料王国［M］. 吉林：吉林出版集团.

王俊奇，张钊，郑欣，2011. 天然气化工与利用［M］. 北京：中国石化出版社.

王双军，陈先明，2010. "水立方" ETFE 充气膜结构技术［M］. 北京：化学工业出版社.

王晓达，2010. 趣话材料［M］. 成都：四川教育出版社.

王晓华，王霖川，2010. 百科聚焦：重大发明发现［M］. 武汉：崇文书局.

王学松，郑领英，2000. 膜技术［M］. 北京：化学工业出版社.

吴淑生，田自秉，1985. 中国染织史［M］. 上海：上海人民出版社.

郗向前，2019. 化肥生产工艺［M］. 北京：化学工业出版社.

谢珍茗，2020. 美容化妆品探秘［M］. 2 版. 北京：中国轻工业出版社.

杨小平，2012. 走近化学丛书·守卫绿色：农药与人类的生存［M］. 2 版. 长沙：湖南教育出版社.

余先纯，孙德林，2010. 高分子胶黏剂丛书·胶黏剂基础［M］. 北京：化学工业出版社.

余斌霞，2014. 华纹锦织 巧夺天工——马王堆汉墓出土丝织品的织纹、染绣与印画［J］. 收藏家（2）：15-22.

袁仄，胡月，2022. 百年衣裳 20 世纪中国服装流变［M］. 修订版. 北京：生活·读书·新知三联书店.

泽田和弘，2014. 能材料塑料中的秘密［M］. 董伟，谭毅，译. 北京：科学出版社.

曾虎，单之元，刘省波，2017. 汽车材料［M］. 北京：航空工业出版社.

张一宾，张怿，伍贤英，2010. 世界农药新进展［M］. 北京：化学工业出版社.

张宗俭，李斌，2011. 世界农药大全·植物生长调节剂卷［M］. 北京：化学工业出版社.

赵匡华，2003. 中国化学史·近现代卷［M］. 南宁：广西教育出版社.

中国建筑设计研究院，2010. 织梦筑鸟巢：国家体育场（设计篇）［M］. 北京：中国建筑工业出版社.

周启澄，程文红，2013. 纺织科技史导论［M］. 2 版. 上海：东华大学出版社.

周晓燕，王欣，杜春贵，2012. 胶合板制造学［M］. 北京：中国林业出版社.

周玉枝，沈建忠，王绪岩，2013. 惊奇化学［M］. 上海：上海辞书出版社.

朱新轩，王顺义，陈敬全，2015. 见证历史，见证奇迹：上海科学技术发展史上的百项第一［M］. 上海：上海科学技术出版社.

左旭初，2013. 百年上海民族工业品牌［M］. 上海：上海文化出版社.

《神奇的科学奥秘》编委会，2006. 材料科学的奥秘［M］. 北京：中国社会出版社.

DT 新材料，2018. 碳纤维简史：今天从日本碳纤维技术发展史说起！［EB/OL］.（2018-08-20）［2024-08-22］. https://www.sohu.com/a/248868203_777213.

Murray Park，2003. 商品国际经贸指南译丛·化肥［M］. 刘湘凌，李俊，译. 北京：中国海关出版社.